衢州市
耕地地力评价与培肥改良

◎ 李荣会　童文彬　徐有祥　张　鑫　主编

中国农业科学技术出版社

图书在版编目（CIP）数据

衢州市耕地地力评价与培肥改良 / 李荣会等主编. --北京：中国农业
科学技术出版社，2024.1

ISBN 978-7-5116-6590-4

Ⅰ.①衢… Ⅱ.①李… Ⅲ.①耕作土壤－土壤肥力－土壤调查－衢
州②耕作土壤－土壤评价－衢州 Ⅳ.①S159.255.3②S158.2

中国国家版本馆CIP数据核字（2023）第 247027 号

责任编辑 金　迪
责任校对 李向荣
责任印制 姜义伟　王思文

出 版 者	中国农业科学技术出版社
	北京市中关村南大街 12 号　　邮编：100081
电　　话	（010）82106625（编辑室）　　（010）82109702（发行部）
	（010）82109709（读者服务部）
网　　址	https://castp.caas.cn
经 销 者	各地新华书店
印 刷 者	北京建宏印刷有限公司
开　　本	170 mm×240 mm　1/16
印　　张	10.5
字　　数	183 千字
版　　次	2024 年 1 月第 1 版　　2024 年 1 月第 1 次印刷
定　　价	68.00 元

《衢州市耕地地力评价与培肥改良》
编写人员

主　　编　李荣会　童文彬　徐有祥　张　鑫

副 主 编　朱真令　任周桥　季卫英　邓勋飞　颜雯婷

　　　　　　丁利群　童　哲　廖少勇

参编人员（按姓氏笔画排序）

丁君芳　王小兰　王宝燕　毛　倩　毛正荣

毛聪妍　方　慧　方志明　尹献远　史　涛

刘超勤　刘国群　刘倩怡　江　苏　江建锋

严　波　杨海峻　吴怡菲　余著成　张露华

陈　卓　陈少华　林光号　杭小雅　周　率

郑　勇　郑雪玉　查　波　姜晓刚　祝伟东

袁红梅　党洪阳　徐　霄　徐林莉　徐金清

陶俊辉　董祥伟

审　　稿　章明奎

前　言

　　粮食安全是国家安全的压舱石，耕地是粮食安全的基础，是"藏粮于地"的核心所在，战略地位十分重要。2021年12月，习近平总书记在中央农村工作会议上强调，耕地保护要求要非常明确，18亿亩耕地必须实至名归，农田就是农田，而且必须是良田。衢州多山以林地为主，因山得名、因水而兴，可以概括为"七山一水二分田"。农业是衢州市的传统产业，提升耕地地力和保护农村生态环境，增加农业生产效益，保证农产品质量安全，促进农业可持续发展一直深受全市各级政府领导的高度重视。

　　编者广泛收集了近年来衢州市及所辖各县（市、区）相继开展耕地地力调查与评价、标准农田地力提升和土壤培肥改良等各项工作的相关资料及数据。通过开展全市耕地地力评价，明确了全市耕地土壤肥力状况和地力等级以及耕地地力的时空变化规律，基本查清了各县（市、区）耕地立地条件、基础生产能力及土壤养分状况；并通过全市范围内典型地区（项目）的地力监测、地力培肥改良技术措施的实践应用，阐述了衢州市耕地地力提升的实施路径。

本书分衢州市域概况、耕地土壤肥力状况、耕地地力评价、耕地地力监测与培肥改良以及耕地地力提升改良实践共五章，系统介绍了衢州市耕地土壤结构和肥力状况，阐明了耕地地力评价过程及结果，为衢州市开展第三次土壤普查、耕地地力提升与保护和农业高质量发展提供数据支撑，同时也为其他地方开展耕地地力评价提供借鉴。

由于编者的水平有限，文中部分观点的论述可能不够全面，不足之处敬请谅解。本书在编写过程中得到了浙江省耕地质量与肥料管理总站、浙江省农业科学院数字农业研究所、浙江大学环境与资源学院等单位有关领导和专家的大力支持，在此一并致谢。

编　者
2023年7月

目　录

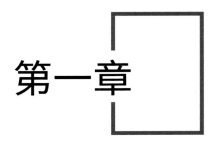

第一章

衢州市域概况

第一节　耕地形成的自然条件

一、地理区位及行政区划

衢州位于浙江省西部，钱塘江上游，金（华）衢（州）盆地西端，南接福建南平，西连江西上饶、景德镇，北邻安徽黄山，东与省内金华、丽水、杭州三市相交。"居浙右之上游，控鄱阳之肘腋，制闽越之喉吭，通宣歙之声势"。川陆所会，四省通衢。地理坐标为东经118°01′15″～119°20′20″，北纬28°15′26″～29°30′00″。东西宽127.5 km，南北长140.25 km，总面积8 844.6 km²，是闽浙赣皖四省边际中心城市、浙西生态城市。市辖柯城、衢江2个区，龙游、常山、开化3个县和江山市。根据省统计局公布的2022年人口主要数据，衢州市2022年末常住人口229万人。

衢州是一座生态山水美城。因山得名、因水而兴，仙霞岭山脉、怀玉山脉、千里岗山将衢州三面合抱，层状地貌明显，地势自西向东北倾斜，走廊式的金衢州盆地横穿中部。土地利用以林为主，大致为"七山一水二分田"。常山江、江山江、乌溪江等九条江在城中汇聚一体。土地资源丰富，红壤丘陵面积广。全市森林覆盖率71.5%，出境水水质保持Ⅱ类以上，连续7年夺得浙江省治水最高荣誉"大禹鼎"，市区空气质量优良率（AQI）96.4%，市区PM2.5浓度26 μg/m³，市区城市建成区绿化覆盖率42.8%，人均公园绿地面积15.2 m²，是浙江的重要生态屏障、国家级生态示范区、国家园林城市、国家森林城市。衢州历来是浙闽赣皖四省边际交通枢纽和物资集散地，素有"四省通衢、五路总头"之称。境内航空、铁路、公路、水运齐全，区位优势凸显。

二、自然条件

（一）地形地貌

由于地壳运动，特别是第四纪以来的新构造运动的影响，奠定了衢州市南北高、西矮、中平、东低的地貌格局。

北部为千里岗山脉，是衢江和新安江的分水岭，最高峰白石尖海拔1 453.7 m，属浙西山地组成部分，西部有江西入境的怀玉山山脉，是长江鄱阳湖水系和钱塘江水系的分水岭，主峰湖山顶海拔895.5 m。南部为仙霞岭山脉，是钱塘江水系和瓯江水系的分水岭，最高峰大龙岗海拔1 500.3 m，属浙南山地组成部分。中部常山港、江山港、衢江贯穿其间。江河两侧沿河流有串珠状众多的大小盆地，较大的如衢江盆地、常山盆地、江山盆地等，都有冲积平原。

衢州市层状地貌明显，地貌组合以衢江为中轴，向南、北两侧依次为河谷平原→缓坡岗地→低中丘陵→山地（高丘和低、中山）。

1. 河谷平原

由河流扫移作用形成的谷底平原，面积共13.2×10⁴ hm²，占总面积14.56%。分布在各大小河流两侧，主要由冲积物（夹有部分洪积物）堆积而成。宽谷地由河漫滩—老河漫滩—高阶地组成。地势平坦，海拔高程一般在100 m以下，相对高程小于30 m，地面坡度小于6°，全市耕地的60%左右集中分布在这种地形上，通称为"畈"。发育成的水稻土土层深厚，土壤质地适中，光热资源丰富，水利条件好，是粮、油、果蔬的生产基地。

2. 丘陵岗地

处在河谷平原与山地之间的过渡地带，地势波状起伏，一般海拔高程小于500 m，相对高程50～100 m，地面坡度在25°以下，土地面积32.2×10⁴ hm²，占总面积的36.44%。近河谷平原交界处，受流水侵蚀，切割强烈，岗垄相间，呈岗状地貌或台地，而其外缘则以犬牙交错形式与山体相连。该地域是衢州市红壤的集中分布地，除少数因坡陡宜林外，极大部分是宜农或宜园地，是经济果木的重要生产基地；但因植被覆盖度低，水土流失严重，加之缺乏水源和水利设施不完善，常受干旱威胁，也是低产田主要分布地区。

此外，在山区河流的出口处，常有洪冲积物堆积，呈上游高下游低的扇状地形，也有不少水稻土或种植经济林的旱地土壤分布。

3. 低、中山地

处在丘陵岗地的外缘，是层状地貌的最高层次。北侧为千里岗—龙门山脉，连绵不断的峰峦，由西南向东北延伸，成为盆地北部的天然屏障。盆地南侧为仙霞岭山脉，山体高大，峰峦叠嶂，走向也是由西南延向东北。一般海拔高程大于500 m，相对高程小于100 m。南侧最高点为江山市的大龙岗，海拔1 500.3 m，北侧白石尖，海拔1 453.7 m。低山地面积共有43.4×10^4 hm^2，占土地总面积49%。气候温凉湿润，有利于林木繁殖和生长，植被覆盖率达60%以上，是衢州市黄壤的主要分布区，也是杉木林生产基地。

（二）地质构造

衢州市地质构造以绍兴—江山大断裂带为界，西北部为浙西褶皱带，属江南古陆的一部分。分布的地层从震旦系、下古生界、上古生界、中生界、新生界都有出露，并以古生界地层出露最齐全，它以沉积岩为主，即砂岩、砂砾岩、泥岩、页岩、石灰岩等。东南部属浙闽地质，分布以侏罗系火山喷出岩为主（包括部分火山沉积岩），局部分布着古生界变质岩系。中部为诸暨—衢州的凹陷带。由于后期地壳抬升的影响，凹陷带形成的古湖盆地水体退却，露出白垩系地层并受到流水侵蚀。湖盆周围的山岭继承老构造线强烈上升，形成轮廓界限分明、近东西走向的走廊式构造盆地。盆地内以白垩系衢江群为主，主要为古湖河相紫红色砾岩、砂岩以及火山沉积岩系。

衢州市地质构造复杂，主要构造线以华夏系构造为主，即北偏东50°~60°；其次是新华夏系构造，即北偏东15°~30°，这两组主要构造线不但控制着岩层的分布、断裂和褶皱轴线方向，而且控制着盆地周围山脉与谷地的走向。

（三）河流水系

衢州市河流绝大部分属钱塘江水系，境内流域面积8 332.6 km^2。属长江鄱阳湖水系流域面积5.58 km^2。

钱塘江水系的常山港（上游称马金溪）与江山港在衢城西郊双港口汇合后称衢江。衢江由西向东横穿市境柯城、衢江、龙游三县（区）后注入兰溪境内与金华江汇合后称兰江。衢江全流域面积11 138 km²。干流全长81.5 km，河道平均比降0.47%。衢州市出境断面以上的流域面积10 677 km²，干流长59.2 km，河道平均比降0.5%。衢江沿途接纳流域面积50 km²以上的一级支流，有常山港、江山港、大头源、庙源、铜山源、芝溪、乌溪江、上山溪、下山溪、塔石溪、模环溪、灵山江、社阳溪共14条，大多为南北走向，构成了以衢江为主脉的羽支状水系。

属长江鄱阳湖水系的有苏庄溪、下庄溪、球川溪、大桥溪、新塘边溪、廿八都溪6条。

（四）气候与水文

1. 气候条件

衢州市域属亚热带季风气候区。全年四季分明，冬夏长、春秋短，光热充足、降水丰沛、气温适中、无霜期长，具有"春早秋短、夏冬长，温适、光足，旱涝明显"的特征。全年冬季风强于夏季风，衢州市区、常山为东北偏东风向，龙游、江山为东北风，开化为北风。境内地貌多样，春夏之交，复杂的地形条件有助于静止锋的滞留，增加降水机遇。盛夏之际，台风较难深入境内，影响较小，静热天气较多。

春季。先后从3月14—18日进入春季，5月19—20日结束，历时66~72天。春季冷暖空气频繁交替，气温呈波状上升。雨水明显增多，晴雨瞬变，遇强冷空气侵袭时，易产生冰雹大风。

夏季。先后从5月20—29日进入夏季，历时113~133天。夏初至7月初，为全年降水最多的时期，梅雨季节，雨日多，降水量大，并常有大雨、暴雨，易造成洪涝灾害。梅雨期后，各地进入盛夏，以晴热天气为主，易发生旱灾。降水量少，多为午后局部雷阵雨，雷雨时常伴有大风，造成风灾。盛夏是全年台风出现最多的季节，但入境次数较少，影响不大，台风带来的降雨常能缓解旱情，但局部地带也可能形成山洪暴发等灾害。

秋季。自9月19—30日，境内先后进入秋季，11月18—29日结束，历时60~61天。初秋，冷暖空气相持，形成低温阴雨天气，但整体以晴天少雨天气为主，时有干旱，形成夏旱连秋旱。深秋，天气晴好，气温宜人，俗称"十月小阳春"。

冬季。从11月19—30日进入冬季，翌年3月13—17日结束，历时105～119天。冬季冷空气活动频繁，天气干冷，常有霜、雪、冰冻等天气。遇寒潮侵袭，易产生大雪、冰冻等灾害性天气。

2. 气候资源量

（1）光能资源。太阳辐射总量，全市为101.9～113.5 kcal/cm²。其地区分布不均衡，低丘、平原高于高丘、山地，低丘平原为107.8～113.5 kcal/cm²，是全省高区之一，西北山区和东南山区较少，如开化城关仅101.9 kcal/cm²。其时间分布，1月最少，7—8月最多。

全年日照时数为1 785.7～2 118.6 h。最多年份是1963年，年日照总量为2 456.2 h，最少年份是1989年，年日照总量为1 401.7 h。

（2）热量资源。年平均气温为16.3（开化）～17.4℃（市区）。1月平均气温4.5～5.3℃；7月平均气温27.6～29.2℃；>10℃活动积温5 152～5 508℃，持续时间237～248天，历年平均初霜日期11月19日，终霜日期3月5日，无霜期251～261天。境内极端最高气温41.8℃（常山天马镇），极端最低气温-11.4℃（龙游县龙游镇），海拔440 m的梧村，曾记录过最低气温-13.9℃。

（3）降水资源。降水量从1月开始逐月增加，春季受华南静止锋影响，各地3—4月雨量在395～440 mm，占全年的23%～26%。5月初到6月底，正值春末初夏季节替换，雨量、雨日剧增，总雨量在500～610 mm，是全年降水量最多又最集中的时段，容易引发洪涝灾害。7月上旬开始，受太平洋副热带高压控制，全市进入盛夏高温季节。9月以后，冬季风势力增强，降水量逐渐减少，10月到翌年2月降水量全市为370～392 mm，为全年的21%～23%。7月、8月、9月3个月的总降水量全市为337～407 mm，占年降水的20%～22%。这时期由于气温高、蒸发大，容易发生旱情，又称为干旱期。

降水地域差异明显，各地年平均降水量为1 500～2 300 mm，沿江河谷平原在1 700 mm以下，向两侧丘陵山地递增，递增率为40～80 mm/100 m，其中以3—6月增率最大。南北山区降水多于中部平原，西部降水多于东部。

（4）主要灾害性气象。衢州市主要气象灾害有洪涝、干旱、大风、冰雹和大雪。

洪涝：洪涝与梅雨期多暴雨（日雨量大于50 mm）和大暴雨（日雨量大于100 mm）有关，梅雨期暴雨占全年的60%～70%。洪涝的发生频率西部高于东部，山区高于平原，与暴雨的地理分布一致。梅雨期暴雨沿江平原年均2～3次，溪流河谷和丘陵山区年均3～5次。

干旱：四季皆有发生，夏旱的发生频率最高，其次是秋旱和冬旱，春旱少见。旱情的分布特点是：大旱不进山，旱在黄土岗，沿江平原及其两侧丘陵地区干旱发生频率比山区高。旱情也重于山区。

大风：八级以上大风全年各月均有发生，以盛夏最多，占全年大风总次数的40%～50%，春季次之，占17%～27%。大风出现次数以常山最多，年均5次左右，个别年份达15次之多。江山、龙游和衢江、柯城年均3～4次。开化最少，年均2～3次。

冰雹：大都出现在春夏两季，尤以春夏之交的4—5月最多，占一半以上。江山冰雹最多，年均接近一次，常山、龙游和衢江、柯城次之，约2年一次。开化最少，平均4～5年才出现一次。冰雹的移动线路：有5条自江西省入开化、常山、江山等县（市），然后向偏东方向移动；1条自淳安县和建德市进入衢江区，后折向东南移到龙游境内。

大雪：90%以上集中在1—2月。除山区外，其他地区每年出现一次左右，最多一年出现8次，也有不少年份全年无大雪。

（五）土壤特性

根据20世纪80年代开展的衢州市第二次土壤普查，衢州市土壤划分为11个土类，18个亚类，51个土属，99个土种。其中，主要耕地土壤为水稻土、潮土、红壤、黄壤、紫色土和粗骨土等。

1. 县（市、区）土壤分布情况

根据第二次土壤普查统计，衢州市各县（市、区）土壤分布情况如下：

衢州市区（含衢江区、柯城区），境内土壤有红壤、黄壤、紫色土、石灰（岩）土、粗骨土、潮土、水稻土7个土类，包括13个亚类、38个土属、72个土种。红壤土类，分布于海拔650 m以下的丘陵岗地；黄壤土类，主要分布于海拔650 m以上的中低山，母岩衢北以沉积砂岩为主，衢南以火成岩为主；潮土土类，主要分布于江溪两岸，为河流近代冲积物发育而成；水稻土土类，主要分布于海拔250 m以下的平畈和河谷平原。

常山县境内土壤有红壤、黄壤、紫色土、石灰（岩）土、粗骨土、潮土、水稻土7个土类，包括14个亚类、32个土属、51个土种。红壤土类，是县境内最大的山地土类，主要分布在海拔600 m以下的丘陵山区，以黄红壤亚类为主；黄壤土类，分布在海拔600 m以上的中山、低山地区，母质为花岗岩、石英砂岩等风化物的残积、堆积物，质地为砂质壤土；潮土土类，分布于常山港及各支流两岸的河漫滩及低阶地上；水稻土土类，分布较广泛。

开化县境内土壤有红壤、黄壤、紫色土、石灰（岩）土、粗骨土、潮土、水稻土7个土类，包括12个亚类、20个土属、29个土种。红壤土类，主要分布在海拔650 m以下的低山丘陵、岗垄和高阶地上，呈均匀的红色或黄红色；黄壤土类，分布在海拔600 m以上低中山区，西北部成土母质主要为花岗岩、花岗斑岩风化物，东、东南部主要为石英砂砾岩；石灰（岩）土土类，分布于境内中部低山丘陵区，呈东北向西南方向条带状分布；潮土土类，主要分布在沿溪两岸河漫滩阶地及平畈上，母质多为近海河流冲积物；水稻土土类，分布较广。

龙游县境内土壤有红壤、黄壤、紫色土、石灰（岩）土、粗骨土、基性岩土、山地草甸土、潮土、水稻土9个土类，包括15个亚类、41个土属、75个土种。红壤土类，境内分布最广，分布于海拔600 m以下丘陵山地；黄壤土类，分布在海拔600 m以上低山，南北均有；潮土土类，分布在衢江及其一级支流两岸及江心洲上；水稻土土类，主要分布在境内100 m以下的河谷平原及低丘岗地。

江山市境内土壤有红壤、黄壤、紫色土、石灰（岩）土、粗骨土、基性岩土、潮土、水稻土8个土类，包括14个亚类、39个土属、68个土种。红壤土类，主要分布于海拔600 m以下低山丘陵地区；黄壤土类，主要分布在海拔600 m以上东南部山区；潮土土类，呈带状分布在河流两侧冲积地段；水稻土土类，主要分布在江山港两侧冲积平原以及山区、丘陵区的畈田地段。

2. 主要土壤的特点

（1）红壤。红壤土类是在湿热气候条件下，强风化淋洗的地带性土壤。剖面发生型为A-〔B〕-C型。A层为淋溶层或腐殖质积聚层，但遭到停蚀的红壤腐殖质层，红色心土层被冲刷，从而在富铝化风化壳的表面，再形成浅薄的腐殖质层，形成了A-C型剖面。〔B〕层为铁、铝残余积聚层，是红壤剖面中典型发生层，酸性与黏重等特征更为明显，含有大量的氧化铁、铝，核状结构发育明显。C为母质层或红色风化壳。

红壤的成土母质有第四纪红色黏土、砂（页）岩、凝灰岩、花岗岩等火山岩风化的残坡积物，局部有片麻岩、流纹岩、玄武岩风化的残坡积物。全市耕地红壤土类面积2.07×10^4 hm²，占全市耕地土壤总面积的14.86%，是衢州市的主要地带性土壤，也是衢州市重点开发的土壤资源。红壤主要分布在盆地底部及盆地两侧的丘陵山地，其分布上限为海拔700 m。

根据地形、母质等成土因素的局部影响而引起土壤发育度上的差异，红壤土类可分为红壤、黄红壤、红壤性土3个亚类。

①红壤亚类是红壤土类中的典型亚类。主要特征表现在脱硅富铝化、高岭化和游离氧化铁含量高以及原生矿物经过强风化和强淋溶作用诸方面。衢州市红壤亚类硅铝率低，土壤质地以壤质黏土为主，全土层呈强酸性反应，土壤养分比较贫瘠，衢州市红壤亚类具有酸、黏、瘦、红的特征。全市耕地红壤亚类面积3 358.06 hm²，占全市耕地红壤土类面积的16.19%，主要分布在海拔250 m以下的低丘岗地。

根据母质类型及其土壤属性的不同，红壤亚类可进一步分为红筋泥、砂黏质红泥、红松泥、红泥土和红黏土5个土属，它们的成土母质有较大的差异。

②黄红壤亚类，系红壤向黄壤的过渡类型。一般分布在盆地两侧海拔250～600 m的山地上，山体较陡，植被破坏严重，侵蚀频度大。红壤化较弱。由于母岩含铁镁矿物少，游离氧化铁的富积作用弱，土体偏橙黄色。由于砾质性和所处地形较破碎及陡坡性，其农垦价值远低于红壤亚类，较适合于林木生长。

全市耕地黄红壤亚类面积1.69×10^4 hm²，占全市耕地红壤土类面积的81.64%。根据黄红壤亚类的成土母质类型及土壤的属性不同，可划分为亚黄筋泥、黄泥土和黄红泥土3个土属。

③红壤性土亚类，系红壤化作用很弱的丘陵地区土壤，母质为浅色或紫色灰岩和石灰岩等风化体，主要分布在盆地边缘向山体过渡的地带。红壤性土砂粒含量高，粉砂性强。土壤质地为砂质黏壤土至壤黏土，盐基饱和度为45左右，pH 5.5～5.6，高于红壤。土壤中微量元素除锌的含量较低，其他铜、铁、锰、钼、硼的含量一般在中等水平。土体厚度一般为50 cm，砾石含量较

高，其养分状况和农业利用程度，因其母质不同，存在很大的差异。

（2）黄壤。黄壤土类是在亚热带生物气候条件下形成的土壤。山高多雨，湿度大，终年无干旱季，植被繁茂，气候温凉，有利于有机质的积累。在形成过程中具有四个特点：一是富铝化作用。黄壤的富铝化作用也较强，反映在黏粒的硅铝率较低，仅为2.01～2.07。二是生物富集作用强烈，不仅有深厚的有机质层，有机质含量平均为7.17%，且常有保存较好的枯枝落叶层。黄壤的剖面发生型为Ao-A-〔B〕-C型。三是土壤经受了强风化、强淋洗作用，土壤的淋溶系数为0.27～0.43，盐基饱和度34%左右，代换性酸含量为5.391 7 me/100 g，pH<5.5的占75%以上。四是氧化铁水化度高，呈针铁矿、褐铁矿、纤铁矿形态，几乎不含赤铁矿，土体呈黄色、黄棕色或橙色。

衢州市黄壤主要分布在盆地两侧的低、中山地，母质为各类岩石风化体的残、坡积物。北部山地以古老的沉积岩为主，质地均细，土层深厚，多发育成山地黄泥土。部分为石英砂岩，含晶屑凝灰岩风化物，土体含较多的石英砂粒。龙游南部以花岗岩为主的风化物，多发育成山地黄泥砂土，衢县南部山地以熔结凝灰岩、凝灰质砾岩风化物为主的多发育成山地砾石黄泥土。全市耕地黄壤土类面积2 345.05 hm^2，占全市耕地土壤总面积的1.68%。

（3）水稻土。水稻土土类是各种类型的自然土壤或其他母质，在人为条件下淹水种稻，经过周期性的灌溉、施肥、耕耘和轮作下逐步形成的一种土壤。其最显著的成土作用是耕作层激烈的氧化还原交替所显示出来的"假潜育过程"，它促进了土壤有机质的积累和分解，可溶性及胶体物质的迁移和淀积，特别是铁、锰的淋溶和淀积，形成了水稻土特有的铁、锰分层或呈斑纹状的剖面形态结构。

水稻土与起源土壤比较，最显著的特点是有机质的积累加快，活性增加，易氧化率提高。土壤的盐基总量增加而总酸度下降。耕作层铁的活化度提高，而晶胶比下降。全市耕地水稻土土类面积9.74×10^4 hm^2，占全市耕地土壤总面积的69.77%，水稻土主要分布在常山港、江山港、灵山江和衢江及其一级支流的两侧。其次为丘间垄畈。由于水稻土的起源土壤不同，氧化还原和淋溶淀积强度的差异，成土年龄的长短和人为耕作活动等综合影响，形成了不同剖面构型的水稻土，其中水文活动状况是水稻土划分亚类的主要依据。据此，可分为淹育型、渗育型、潴育型和潜育型4个水稻土亚类。

淹育型水稻土亚类：主要分布在丘陵岗地或山坡地上，除开化县外，各县（市、区）均有分布，全市耕地淹育型水稻土亚类面积1.35×10^4 hm²，占全市耕地水稻土土类面积的13.85%。淹育型水稻土因受地形控制，不受或少受地下水的影响，其水成作用主要来自灌溉水或天然降水。因耕种水稻的历史较短，除耕作层中络合铁、无定形铁含量较高，犁底底层已初步形成外，土体中没有明显的铁、锰淀积层。下部底土层的母土特征及其属性明显，土壤剖面初步开始分化，多为幼年型水稻土，土体构型为A-Ap-C型。

渗育型水稻土亚类：主要分布在丘陵山地坡麓的缓坡处及沿江两岸的高河漫滩阶地上，全市耕地渗育型水稻土亚类面积1.77×10^4 hm²，占全市耕地水稻土土类面积的18.20%。渗育型水稻土，起源土壤有黄壤、红壤、紫色土、棕色石灰土、红壤性土、潮土等。所处地形位置较高。剖面发育以受降水或灌溉水自上而下的渗透淋溶作用为主，由于水分向下移动，铁、锰还原物下移，至心土层又重新氧化而淀积，形成上铁、下锰，以锰为主的渗育层。铁、锰氧化物呈点粒状分布。渗育层是本亚类土壤的诊断层，其厚度一般可达15～30 cm，呈棱块状结构，土体裂隙中有灰色的黏胶膜，基色较淡。渗育层下为母质层，土体构型为A-AP-P-C型。

潴育型水稻土亚类：广泛分布在河谷平原、山间盆地和丘间垄畈，全市耕地潴育型水稻土亚类面积6.49×10^4 hm²，占全市耕地水稻土土类面积的66.70%。潴育型水稻土的成土母质众多，有红壤、黄壤、紫色土等的坡积物或再积物，有冲积物或洪积物，还有古洪冲积物。由于所处地势平坦，经济较发达，植稻历史悠久，水耕熟化程度高，耕作层土壤假潜育化作用极为明显。土体受灌溉水和地下水双重影响，氧化还原交替频繁，铁锰交错淀积，形成黄斑层（潴育型）。心底土呈棱柱状结构，结构体表面常有橘红色胶膜黏附。属良爽型水稻土。土体构型为A-AP-P-W-C型。耕作层土壤，有机质含量（2.71±0.64）%，仅次于潜育型水稻土，有机质的胡/富比为0.76，是水稻土中最高的亚类，而它的碳氮比为9.82，是水稻土最低的亚类。

潜育型水稻土亚：类零星分布在平原洼地，丘陵山地的凹垄或洪积扇前缘的低洼部位。成土母质复杂有江、河冲积物或洪冲积物，也有红壤、黄壤等坡积或其搬运再积物。经长期潜渍作用形成的土壤。全市耕地潜育型水稻土亚类面积1 220.50 hm²，占全市耕地水稻土土类面积的1.25%。潜育型水稻土，受高潜水位的影响，土壤无结构，土体软糊，呈青灰色。潜育层铁是水稻土各土类诊断层中最低的，很少见锈斑、锈纹。剖面构型为AG或A-AP-G型。潜育型水稻土，土壤氧化还原电位低，有亚铁反应，有机质、全钾、代换量等在水稻土各类中虽属最高。但因土壤通透性差，土温低，养分的有效度低，根系生长不良，作物迟发。是衢州市主要低产田类型之一。

（4）紫色土。紫色土土类因不显生物气候带特征，有学者称之"隐域性"土壤。土壤剖面分化极不明显。土色酷似母岩的新风化体，在全国土壤分类中属于初育土纲。衢州市紫色土发育于白垩系第三系岩层上，包括紫（红）色砂（页）岩、紫（红）色砂砾岩、侏罗系紫色砂砾岩等风化物的残、坡积体。主要分布于衢江盆地、江山盆地、常山盆地周围的低丘陵地上，与周围的土壤界线分明。全市耕地紫色土土类面积7 482.30 hm^2，占全市耕地土壤总面积的5.36%。

紫色土的主要特点是：全剖面无明显的发生分异，土壤颜色及其理化性状保持母岩的基本特征，易风化，不耐侵蚀，磷、钾、钙等矿物养料稍多，但因母岩而异。土壤pH值随母质碳酸钙含量而不同，碳酸钙含量高的pH值高，呈中性至微碱性反应。有的因淋溶脱钙作用，表土呈酸性，但心土层呈中性或碱性，也有少数母质不含钙质夹杂，使其中发育的土壤呈酸性反应。但大部分基岩具有石灰性反应。土壤由于不断受侵蚀和覆盖交替，停滞在初育阶段。以残积物为主体的土体，其剖面发生型多呈A-C型，土层浅薄，一般在30 cm以内，含有较多的岩石半化体。若以坡积物为主的土体，可分出A-AC-C型，土层深厚，全剖面一般在40 cm以上。土壤质地因受母岩的影响，加之不断风化、侵蚀和堆积，变化较大，可从砂壤土至黏壤土，但以黏壤土为主。根据母质、母岩含钙与否可分为石灰性紫色土和酸性紫色土两个亚类。

（5）石灰（岩）土。石灰（岩）土土类是母质为各类石灰岩风化体的残、坡积物，呈带状或斑块状分布于丘陵低山区，与黄红壤分界明显，常有石灰岩露头穿插其间。全市耕地石灰（岩）土土类面积2 521.12 hm^2，占全市耕地土壤总面积的1.81%。

灰岩土壤形成的过程不同于红壤，碳酸盐类矿物遭到不同程度的化学溶蚀，而其余矿物并未受强烈的化学风化。在成土过程中，土体中钙质遭到不断淋失，而使剖面上部的土壤大部呈酸性反应。有的又被灰岩的新风化液侵入。

所以表土层pH值变幅较大。而心底土常受覆盐基作用，呈中性或微碱性，并有明显的石灰性反应，由灰岩发育的土壤质地黏重。表土层有机质含量较高，利用上多以林、果为主，如枇杷、杨梅等。根据成土过程及脱钙程度和土壤pH值及土壤腐殖质的积聚作用的差异，可分为黑色石灰土和棕色石灰土两个亚类。

（6）潮土。潮土土类是一种泛域性土壤，母质为近代江河冲积物或冲洪积物、洪积物，经人为长期耕作下发育形成的土壤。主要分布在衢江、江山港、常山港、灵山江、乌溪江及其一级支流两岸的河漫滩阶地上，多顺着溪流呈长条状分布。全市耕地潮土土类面积2 625.70 hm²，占全市耕地土壤总面积的1.88%。

潮土所处地形较为平缓，在田间条件下，受地下水和人为耕作的双重影响，所以又属"半水成土"。全土层深厚，常超过1 m，剖面中母质的层次性常被保留，各发生层的质地和色泽较均一，剖面中下部因受地下水升降的影响，氧化还原频繁交替，形成铁、锰淀积斑纹、斑点，具有明显的潴育化过程。

潮土又是人们通过耕作、栽培、施肥、排灌等措施下，定向培育的旱作土壤。耕作熟化过程是潮土形成过程中的另一个特点。潮土大部结构松散，0.02～2 mm的砂粒含量高，质地为砂质壤土至黏壤土，通透性能好，有利于有机质的分解和矿化，致使表土层的有机质含量不高，呈微酸性至中性反应。

（7）基性岩土。基性岩土土类是母质为白垩系玄武岩风化体的残、坡积物。衢州市集中分布在江山市淤头、吴村、新塘边等乡镇的玄武岩丘陵台地上。全市耕地基性岩土土类面积268.30 hm²，占全市耕地土壤总面积的0.19%。该土类主要特征：一是盐基饱和度高；二是土壤呈微酸性至中性反应；三是土体基本保持母岩的色泽；四是矿质养分丰富。基性岩土类，只有一个基性岩土亚类、一个棕泥土土属和一个棕泥土土种。

（8）粗骨土。粗骨土土类是各类基底岩石的风化物，因多处在坡陡或植被稀疏的部位，在成土过程中因遭雨水不断侵蚀或受人为影响，黏细风化物被淋失，残留着粗骨部分，发育成的土壤显粗骨性和薄层性。

粗骨土的剖面发生型为A-C型。A层砂粒含量高，厚度10～20 cm，它与半风化母岩相吻合。全市耕地粗骨土土类面积6 197.41 hm²，占全市耕地土壤总面积的4.44%。粗骨土的主要特性是：全土层不厚，一般仅20 cm左右，土层浅薄和石砾含量高，是粗骨土的主要特征。质地为砂质壤土。粗骨土只有一个铁铝质粗骨土亚类，根据成土母质及其属性，可划分为石砂土、白岩砂土和红泥骨3个土属。

（9）山地草甸土。山地草甸土土类，衢州市仅有一个亚类，一个土属，一个土种，即山地草甸土土种。集中分布在龙游县南山海拔1 359.5 m的六春湖，面积为46.67 hm²。母质为侏罗纪磨石山组的酸性流纹斑岩，石英斑岩风化残积物。植被以耐湿草灌为主，因气温低，湿度高，植物残体不易分解，在表层大量积累，呈暗黑色。其下部5～10 cm腐殖质层，呈棕黑色。有弹性感，质地黏壤土，富有砂砾感，结构疏松，透水性能好。但因地势平缓低洼，年降水量高，致使土体湿润，常形成短期渍水过程。心土层有明显的铁、锰锈色斑点。剖面发生型为A-〔B〕-C型。

第二节　农业生产与农业经济概况

一、农业生产情况

2022年衢州市粮食播种面积8.99×10⁴ hm²，总产量55.60×10⁴ t，其中早稻种植面积2.01×10⁴ hm²、总产量12.03×10⁴ t，分别跃居全省第2、3位。油料播种面积3.11×10⁴ hm²，产量6.30×10⁴ t，其中油菜播种面积2.90×10⁴ hm²，籽产量5.83×10⁴ t，种植面积居全省第1，占全省播种面积的1/4。蔬菜种植面积3.97×10⁴ hm²，产量110.52×10⁴ t，同比增长3.2%；瓜果类种植面积0.37×10⁴ hm²，产量11.36×10⁴ t。食用菌产量3.52×10⁴ t；茶叶产量7 686 t；中药材种植面积1.93×10⁴ hm²，产量23 312.71 t，同比分别增长11.47%、9.41%；水果产量53.44×10⁴ t，其中柑橘产量45.75×10⁴ t。肉类总产量17.89×10⁴ t，其中猪肉10.89×10⁴ t。全年生猪出栏124.02万头；家禽出栏4 402.51万只；禽蛋产量4.90×10⁴ t，牛奶产量8 917 t。水产品产量7.73×10⁴ t，增长3.4%。截至2022年底，衢州市有粮食生产功能区总面积3.94×10⁴ hm²。累计成功申报8个省级现代农业园区，通过省级验收3个。累计申报8个省级特色农业强镇，建成验收省级特色农业强镇8个。建设高标准农田2 040 hm²（含补建），高效节水灌溉建设面积113.33 hm²，受污染耕地安全利用率达95.4%。

制定"一业一策""一县一方案"，完成宜机化改造3 800 hm²，建成农机综合服务中心22个，推广新品种面积2.19×10^4 hm^2，"滴滴农机"惠农服务做法全省推广，国家级椪柑良种繁育创新中心等一批科创载体相继落地；围绕诗画风光带布局规模化未来农业园区6个，集聚三产融合项目189个，累计完成投资422亿元；创新构建农业"碳账户"体系，发布全国首个农业碳排放核算与评价地方标准，率先对1 000家主体实行四色贴标评价，发放"碳账户"贷款2.4亿元。

打造6个未来数字农场样板典型，7家单位入选第二批数字农业工厂；农业"碳账户"、浙里柑橘、智享生态牧场等3个应用获评省农业农村数字化改革"优秀应用"，"浙农"系列应用用户数超5.6万，"浙农码"赋码用码量1 620万次，排名全省前列。

二、农业经济情况

2022年衢州市生产总值为2 003.44亿元，同比增长4.8%。分产业看，第一产业增加值93.20亿元，增长3.6%；第二产业增加值874.12亿元，增长6.2%；第三产业增加值1 036.12亿元，增长3.8%。

2022年全市农林牧渔业产值148.02亿元，同比增长3.8%。其中，农业产值76.36亿元，同比增长2.7%；林业产值14.26亿元，增长19.7%；牧业产值44.39亿元，增长2.6%；渔业产值9.96亿元，增长3.6%。2022年，全市粮食种植面积为8.99×10^4 hm^2、产量55.60×10^4 t，比上年增长0.4%。全市农村常住居民人均可支配收入31 468元，同比增长7.5%，增速列全省第2；低收入农户人均可支配收入为18 402元，同比增长14.9%，增速列全省第3；农林牧渔业增加值95.7亿元、同比增长3.7%、增速列全省第5。"菜篮子"市长负责制考核全省第1，成功举办第19次全省深化"千万工程"建设新时代美丽乡村现场会，获批全国绿色低碳农业先行区。

第三节 耕地分布及建设利用情况

一、耕地分布情况

衢州市因山得名、因水而兴，仙霞岭山脉、怀玉山脉、千里岗山将衢州三面合抱，层状地貌明显，地势自西向东北倾斜，走廊式的金衢州盆地横穿中部。土地利用以林为主，大致为"七山一水二分田"。耕地主要集中在衢州中部盆地区。根据2007—2012年各县市区耕地地力调查覆盖耕地数据，全市各县市区有耕地面积$13.95 \times 10^4\,hm^2$，其中水田面积$11.83 \times 10^4\,hm^2$，旱地面积$2.12 \times 10^4\,hm^2$。各县市区面积分布情况如表1.1所示。

表1.1　不同县（市、区）主要耕地分布情况

县 （市、区）	水田 （$\times 10^4\,hm^2$）	水田占比 （%）	旱地 （$\times 10^4\,hm^2$）	旱地占比 （%）	合计 （$\times 10^4\,hm^2$）
衢江区	2.58	87.49	0.37	12.51	2.95
柯城区	0.52	85.05	0.09	14.95	0.61
龙游县	2.72	88.09	0.37	11.91	3.09
江山市	3.07	88.25	0.41	11.75	3.48
常山县	1.35	85.38	0.23	14.62	1.58
开化县	1.59	70.80	0.66	29.20	2.24
衢州市	11.83	84.78	2.12	15.22	13.95

注：耕地面积参照2007—2012年各县（市、区）耕地地力调查所覆盖的耕地数据。

二、耕地利用情况

衢州市各地耕地利用方式复杂，种植作物多样，主要种植作物有：水稻、大麦、小麦、玉米、豆类、薯类等粮食作物；油菜、棉花、甘蔗、西瓜、花卉、蔬菜、药材等经济作物以及绿肥、青饲料等其他作物。2020年，全市耕地农作物播种面积$17.44 \times 10^4\,hm^2$。其中粮食作物播种面积$8.93 \times 10^4\,hm^2$，占农作物播种面积的51.2%，粮食作物中水稻播种面积$6.26 \times 10^4\,hm^2$，占粮食作物播种面积的70.1%。由此可见，种植粮食作物尤其水稻是衢州市耕地主要利用方式。经济作物播种面积$5.52 \times 10^4\,hm^2$，占农作物播种面积的31.6%；其中蔬菜（含菜用瓜）播种面积最大为$3.89 \times 10^4\,hm^2$，占经济作物比值达70.5%；但衢州市蔬菜大多是与粮食作物轮作；粮食作物平均单产6 172 kg/hm²，总产量$55.09 \times 10^4\,t$，其中水稻平均产量7 183 kg/hm²，总产量$44.95 \times 10^4\,t$；蔬菜单产27 943 kg/hm²，总产$108.75 \times 10^4\,t$（表1.2）。

表1.2　衢州市耕地农作物播种面积与产量（2020年）

指标	播种面积（hm²）	产量（t）	单产（kg/hm²）
全部农作物	174 460	1 935 362	—
一、粮食	89 257	550 892	6 172
（一）稻谷	62 585	449 533	7 183
1.早稻	17 061	98 651	5 782
2.单季晚稻	30 974	247 619	7 994
3.连作晚稻	14 549	103 263	7 098
（二）小麦	345	1 079	3 127
（三）玉米	8 051	33 395	4 148
（四）其他谷物	839	3 714	4 426
（五）豆类	11 207	26 794	2 391
大豆	10 395	24 453	2 352
其他豆类	812	2 341	2 883
（六）薯类	6 230	36 376	5 839
二、油料	29 643	60 556	2 043
油菜籽	27 235	55 088	2 023
三、棉花	334	557	1 668
四、麻类			
五、甘蔗	746	42 110	56 448
六、烟叶			
七、药材	3 630	22 104	6 089
八、蔬菜（含菜用瓜）	38 919	1 087 500	27 943
九、瓜果类	5 296	171 643	32 410
西瓜	4 033	142 140	35 244
十、花卉	1 175	—	—
十一、其他作物	5 460	—	—
青饲料	1 261	—	—

注：2021年衢州市统计年鉴数据。

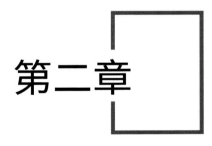

第二章

耕地土壤肥力状况

　　土壤肥力是耕地地力的核心，是土壤为植物生长供应和协调养分、水分、空气和热量的能力，是土壤物理、化学和生物学性质的综合反映，是土壤区别于成土母质和其他自然体的最本质的特征，也是土壤作为自然资源和农业生产资料的物质基础，它是耕地地力的根本。肥沃的土壤一般表现为土层厚、表土松、供肥保肥性能适当、结构良好，水、肥、气、热诸肥力因素比较协调，抗逆性强，适宜性广。为了解衢州市耕地肥力现状，本章利用2007—2012年全市耕地地力调查数据，对全市耕地地力主要指标进行分析。

第一节　耕地土壤物理性状

一、耕层质地

　　土壤质地（又称土壤颗粒组成、机械组成）是一项土壤重要的物理性状，是指土壤中各种大小颗粒的相对含量，它反映了土壤的砂黏程度，影响着水、肥、气、热等肥力因素和土壤耕性等，是土壤最基本的性质。参考《耕地质量等级》（GB/T 33469—2016）、《全国耕地质量等级评价指标体系》

（耕地评价函〔2019〕87号）等技术规范进行分类。衢州市耕地土壤质地有较大的变化，其中，壤土、黏壤土、黏土和壤黏土的比例分别为42.84%、20.76%、15.67%和8.85%；砂壤土、壤黏土、砂土和其他的占比分别为4.80%、2.34%、1.37%和3.37%（表2.1）。总体上，衢州市耕地土壤中质地偏黏（壤）的占比较高，保肥性一般。

表2.1　不同县（市、区）主要土壤质地分布占比分析（单位：%）

县（市、区）	壤土	黏壤土	黏土	壤黏土	砂壤土	壤砂土	砂土
衢江区（n=699）	4.62	1.67	3.07	0	0.14	0	0
柯城区（n=111）	1.21	0.03	0	0	0	0	0
龙游县（n=1 989）	15.71	0.03	1.86	8.05	0	0	1.22
江山市（n=2 219）	1.98	16.84	3.96	0.80	3.52	0	0.12
常山县（n=1 195）	9.50	0.41	5.17	0	1.14	0	0.03
开化县（n=1 144）	9.81	1.78	1.62	0	0	2.34	0
衢州市（n=7 357）	42.84	20.76	15.67	8.85	4.80	2.34	1.37

二、容重

土壤容重是指田间自然垒结状态下单位体积的土壤质量。土壤越疏松，容重就越小。一般黏土容重比壤土容重大，心土和底土容重比表土容重大。据2007—2012年采集的土壤样品分析统计，衢州市耕地耕作层土壤容重主要位于0.9~1.3 g/cm³，平均为1.14 g/cm³，变异系数为12.13%（表2.2）。其中，土壤容重为0.9~1.1 g/cm³的耕地面积占34.33%，1.1~1.3 g/cm³的耕地面积占51.86%，小于0.9 g/cm³和大于1.3 g/cm³的耕地面积分别占3.86%和9.95%（图2.1）。不同土壤之间的容重有一定的差异，这与土壤质地和结构不同有关。总体上，衢州市多数耕地土壤的容重基本适于作物生长，但有少量耕地土壤的容重偏高。

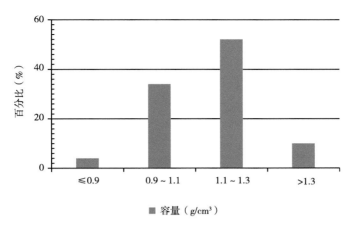

图2.1 衢州市不同土壤容重分布情况

表2.2 不同县（市、区）耕地土壤容重值统计结果（单位：g/cm³）

县（市、区）	最小值	最大值	平均值	标准差	变异系数（%）
衢江区（*n*=699）	1	1.64	1.30	0.12	9.54
柯城区（*n*=111）	0.02	1.81	0.96	0.39	40.24
龙游县（*n*=1 989）	0.67	1.41	1.12	0.10	8.52
江山市（*n*=2 219）	0.79	1.51	1.12	0.15	13.15
常山县（*n*=1 195）	0.65	1.57	1.17	0.09	7.83
开化县（*n*=1 144）	0.75	1.5	1.11	0.10	9.31
衢州市（*n*=7 357）	0.02	1.81	1.14	0.14	12.13

三、耕层厚度

耕作层是耕作施肥影响最深刻的表层土壤，也是作物根系的主要活动场所，高产耕地通常具有松软深厚的耕作层，是耕地地力水平高低的重要标志之一。衢州市耕地耕作层厚度为8～40 cm，平均为16.69 cm，变异系数为22.42%（表2.3）；主要位于12～20 cm，占83.08%。据统计，耕层厚度为8～12 cm、12～16 cm、16～20 cm和>20 cm的耕地面积比例分别为6.54%、53.72%、

29.36%和10.38%（图2.2）。

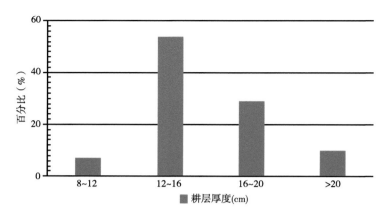

图2.2　衢州市耕层厚度分布情况

表2.3　不同县（市、区）耕地耕层厚度统计结果（单位：cm）

县（市、区）	最小值	最大值	平均值	标准差	变异系数（%）
衢江区（n=699）	8	23	17.64	2.59	14.67
柯城区（n=111）	15	22	19.05	1.77	9.30
龙游县（n=1 989）	11	40	15.06	4.06	26.99
江山市（n=2 219）	10	29	16.06	2.20	13.71
常山县（n=1 195）	14	25	20.87	3.89	18.62
开化县（n=1 144）	8	30	15.60	2.43	15.56
衢州市（n=7 357）	8	40	16.69	3.74	22.42

第二节　土壤酸碱度和阳离子交换量

一、土壤酸碱度

土壤酸碱度是影响耕地土壤肥力和农作物生长的一个重要因素。土壤中有机质的合成与分解、营养元素的转化与释放，微生物活动以及微量元素的有效性等都与土壤酸碱度有密切关系。酸碱度过高或过低都会影响养分吸收，造成肥料浪费，如果过酸，易引起土壤板结以及造成微量元素中毒，还会破坏土壤微生物的生存环境，造成有益菌减少，加速养分流失，使土壤失去耕种价值。

　　由于母质来源、成土环境条件及管理措施的不同，衢州市耕地土壤酸碱度有较大的变化，最低值为3.11，最高值为8.85，相差达5.74个pH单位。耕地土壤的pH值中值为5.3，平均为5.42，变异系数为13.83%（表2.4）。总体上，衢州市耕地土壤pH值以酸性至微酸性为主；土壤pH值在4.5～5.5和5.5～6.5的耕地比例分别为57.66%和26.94%，土壤pH值在4.5以下的耕地比例占7.16%，三者共占91.76%；土壤pH值在6.5～7.5的耕地比例为6.16%；土壤pH值在7.5以上的耕地比例只占2.08%（图2.3）。总体上，衢州市耕地土壤酸性特征比较突出。

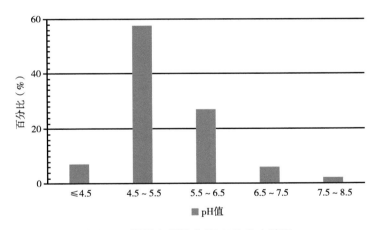

图2.3　衢州市耕地土壤pH值分布情况

表2.4　不同县（市、区）耕地土壤酸碱度

县（市、区）	最小值	最大值	平均值	标准差	变异系数（%）
衢江区（n=699）	3.6	8.2	5.88	0.81	13.86
柯城区（n=111）	4.2	7.3	5.23	0.71	13.50
龙游县（n=1 989）	3.17	8.85	5.39	0.78	14.42
江山市（n=2 219）	3.7	7.9	5.16	0.49	9.56

（续表）

县（市、区）	最小值	最大值	平均值	标准差	变异系数（%）
常山县（n=1 195）	4.2	8.2	5.53	0.75	13.62
开化县（n=1 144）	3.11	8.2	5.60	0.86	15.35
衢州市（n=7 357）	3.11	8.85	5.42	0.75	13.83

二、阳离子交换量

土壤阳离子交换量（Cation exchange capacity，CEC）是指土壤胶体所能吸附各种阳离子的总量。CEC的大小，基本上代表了土壤可能保持的养分数量，是评价土壤保肥能力的主要指标。CEC主要决定于胶体含量、胶体种类、土壤酸碱度（pH值）。一是土壤质地越黏重，所含矿质胶体数量越多，则CEC越大；二是各类土壤胶体的CEC相差悬殊，2∶1型的矿物CEC明显高于1∶1型矿物；三是由于可变电荷的存在，CEC随着pH值的升高而增加。因此，有机质含量较丰富和黏粒含量较高的土壤常有较高的CEC。

据2007—2012年采集的土壤样品分析统计，衢州市耕地土壤CEC主要在5～15 cmol(+)/kg，平均值为11.41 cmol(+)/kg，标准差2.99，变异系数0.26（表2.5）。从分级分布情况来看，土壤CEC在5～10 cmol(+)/kg的耕地面积占33.6%；10～15 cmol(+)/kg的耕地面积占55.23%；15～20 cmol(+)/kg的耕地面积占10.57%；>20 cmol(+)/kg的耕地面积占0.6%（图2.4）。

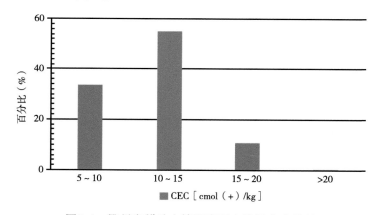

图2.4　衢州市耕地土壤阳离子交换量分布情况

表2.5　不同县（市、区）耕地土壤阳离子交换量统计［单位：cmol(+)/kg］

县（市、区）	最小值	最大值	平均值	标准差	变异系数（%）
衢江区（n=699）	5	22	11.63	2.41	20.71
柯城区（n=111）	5.4	23.2	10.11	3.01	29.79
龙游县（n=1 989）	4.6	19.7	11.48	2.64	22.98
江山市（n=2 219）	4.8	66.3	11.16	3.17	28.44
常山县（n=1 195）	4.4	68	12.87	3.45	26.85
开化县（n=1 144）	5.4	17.2	10.24	2.25	21.95
衢州市（n=7 357）	4.4	68	11.41	2.99	26.20

第三节　耕地土壤养分

一、土壤养分的分级标准

参照浙江省耕地地力相关养分分级标准，对衢州市耕地土壤中大量元素养分分级，如表2.6所示。

表2.6　土壤大量元素养分分级标准

项目	测定方法	养分含量高		养分含量中		养分含量低	
		1	2	3	4	5	6
有机质（g/kg）	容量法	>50	40～50	30～40	20～30	10～20	<10
全氮（g/kg）	开氏法	>2.5	2～2.5	1.5～2	1～1.5	0.5～1	<0.5
有效磷（mg/kg）	碳酸氢钠法	>40	20～40	15～20	10～15	5～10	<5
	盐酸氟化铵法	>30	15～30	10～15	5～10	3～5	<3
速效钾（mg/kg）	乙酸铵法	>200	150～200	100～150	80～100	50～80	<50

二、有机质

土壤有机质是土壤固碳的组成部分，不仅对土壤结构、容重、耕性有重要影响，而且是植物营养的主要来源之一，能促进植物的生长发育，改善土壤的物理性质，促进微生物和土壤生物的活动，促进土壤中营养元素的分解，提高土壤的保肥性和缓冲性。耕地土壤有机质含量的高低不仅与土壤培肥管理措施有关，也与水热条件、母质等因素有关。

统计表明，衢州市耕地土壤有机质含量变化较大，主要为10～40 g/kg，平均为27.08 g/kg，变异系数为37.38%（表2.7）。衢州市耕地土壤有机质主要在10 g/kg以上，占96.71%；土壤有机质含量为30～40 g/kg的耕地比例占26.82%，土壤有机质含量为20～30 g/kg和10～20 g/kg的耕地分别占37.94%和22.06%；土壤有机质含量在40 g/kg以上的耕地比例为9.9%；土壤有机质含量在10 g/kg以下的耕地只占3.28%（图2.5）。总体上，衢州市耕地土壤有机质含量基本上处于中等水平。

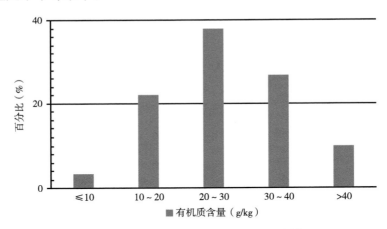

图2.5 衢州市耕地土壤有机质含量分布情况

表2.7 不同县（市、区）耕地土壤有机质统计结果（单位：g/kg）

县（市、区）	养分水平	最小值	最大值	平均值	标准差	变异系数（%）
衢江区（n=699）	低	2.31	45	18.36	5.76	31.40
柯城区（n=111）	中	1.1	74.9	25.25	12.72	50.38
龙游县（n=1 989）	中	1	60.5	25.76	8.70	33.76

（续表）

县（市、区）	养分水平	最小值	最大值	平均值	标准差	变异系数（%）
江山市（n=2 219）	中	1.3	63.7	30.09	10.92	36.29
常山县（n=1 195）	中	2.3	66.7	25.65	9.27	36.16
开化县（n=1 144）	中	2.1	79.59	30.50	9.44	30.96
衢州市（n=7 357）	中	1	79.59	27.08	10.12	37.38

注：养分水平按其平均值所对应的养分分级标准核定，下同。

三、全氮

土壤全氮是土壤中各种形态氮素含量之和，包括有机态氮和无机态氮。土壤全氮含量随土壤深度的增加而急剧降低。土壤全氮含量处于动态变化之中，取决于氮的积累和消耗的相对多寡，特别是取决于土壤有机质的生物积累和水解作用。土壤供氮能力既是评价土壤肥力的重要指标，又是估算氮肥用量的重要依据。土壤中的氮来源于大气和有机体。耕作土壤氮的来源有生物固氮、降水、尘埃沉降、施入含氮肥料、土壤吸附空气中的NH_3、灌溉水和地下水补给，其中施肥和生物固氮是主要来源。

统计表明，衢州市耕地土壤全氮含量主要为0.5~2.5 g/kg，平均为1.62 g/kg，变异系数为38.79%（表2.8）。土壤全氮处于高量（>2 g/kg）的耕地比例占23.91%，其中，全氮含量>2.5 g/kg的耕地比例为7.25%，全氮含量处于高水平（2~2.5 g/kg）的耕地比例为16.65%；土壤全氮含量处于中等水平（1.5~2.0 g/kg）的耕地比例为31.96%；土壤全氮含量处于较低水平（0.5~1.5 g/kg）的耕地比例也较高，为42.51%；土壤全氮含量处于很低水平（≤0.5 g/kg）的耕地比例只占1.62%（图2.6）。总体上，与有机质相似，衢州市耕地土壤全氮含量基本上处于中等水平。

表2.8 不同县（市、区）耕地土壤全氮含量统计结果（单位：g/kg）

县（市、区）	养分水平	最小值	最大值	平均值	标准差	变异系数（%）
衢江区（n=699）	中	0.12	5.78	1.54	0.63	41.17
柯城区（n=111）	低	0.4	1.9	0.96	0.35	36.05
龙游县（n=1 989）	中	0.21	10.9	1.40	0.58	41.42

（续表）

县（市、区）	养分水平	最小值	最大值	平均值	标准差	变异系数（%）
江山市（n=2 219）	中	0.19	5.71	1.76	0.65	36.92
常山县（n=1 195）	中	0.12	5.24	1.67	0.59	35.15
开化县（n=1 144）	中	0.03	4.08	1.81	0.57	31.45
衢州市（n=7 357）	中	0.03	10.9	1.62	0.63	38.79

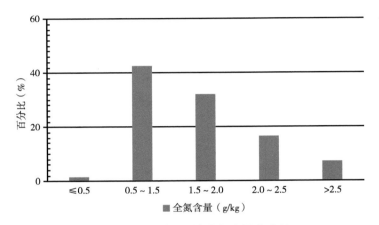

图2.6　衢州市耕地土壤全氮含量分布情况

四、有效磷

土壤有效磷是土壤中可被植物吸收的磷素组分，包括全部水溶性磷、吸附态磷、有机态磷和难溶态磷。有的土壤中还包括某些沉淀态磷，土壤有效磷是土壤磷素养分供应水平高低的指标，土壤磷素含量高低在一定程度反映了土壤中磷素的贮量和供应能力。

衢州市耕地土壤有效磷含量变化极大，为0.1～503.8 mg/kg，中值为13 mg/kg，平均值为27.05 mg/kg，变异系数达153.83%（表2.9）。耕地土壤有效磷处于低级别（≤5 mg/kg）的比例约占22.6%，其中低于3 mg/kg的占12.86%；处于中低等（5～10 mg/kg）的占18.83%，处于中等（10～20 mg/kg）的占22.66%，处于高等（20～40 mg/kg）的占18.59%，处于过度积累（>40 mg/kg）的达17.32%（图2.7）。由此可见，衢州市耕地的土壤有效磷总体趋于中下水平，并存在磷肥施用极不合理现象。

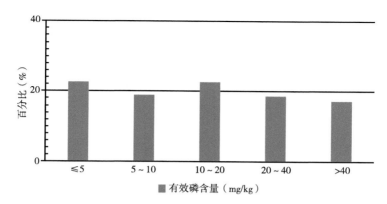

图2.7　衢州市耕地土壤有效磷含量分布情况

表2.9　不同县（市、区）耕地土壤有效磷含量统计结果（单位：mg/kg）

县（市、区）	养分水平	最小值	最大值	平均值	标准差	变异系数（%）
衢江区（n=699）	中	2.1	121	19.64	13.08	66.63
柯城区（n=111）	高	1.3	357.7	57.10	64.30	112.61
龙游县（n=1 989）	中	0.1	476.3	30.28	54.73	180.72
江山市（n=2 219）	中	1	219.3	24.90	35.40	142.19
常山县（n=1 195）	中	0.1	503.8	27.87	43.82	157.26
开化县（n=1 144）	中	0.1	277	26.33	28.97	110.00
衢州市（n=7 357）	中	0.1	503.8	27.05	41.60	153.83

五、速效钾

速效钾是土壤中易被作物吸收利用的钾素，包括土壤溶液钾及土壤交换性钾。速效钾含量是表征土壤钾素供应状况的重要指标之一。及时测定和了解土壤速效钾含量及其变化，对指导钾肥的施用是十分必要的。

衢州市耕地土壤速效钾含量变化较大，为2～768 mg/kg，平均值为81.12 mg/kg，变异系数达68.67%（表2.10）。耕地土壤速效钾处于较低级别（≤100 mg/kg）的比例约占77.02%，其中低于50 mg/kg的占27.42%；处于中等（100～150 mg/kg）的占14.84%；处于高等（>150 mg/kg）的占8.14%（图

2.8）。由此可见，衢州市耕地的土壤速效钾含量总体趋于中下水平，且有1/2以上的耕地存在缺钾问题（≤100 mg/kg）。

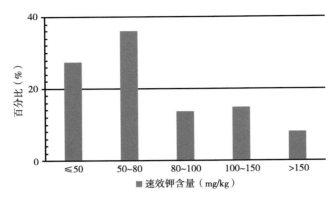

图2.8 衢州市耕地土壤速效钾含量分布情况

表2.10 不同县（市、区）耕地土壤速效钾统计结果（单位：mg/kg）

县（市、区）	养分水平	最小值	最大值	平均值	标准差	变异系数（%）
衢江区（n=699）	中	11	317	91.85	38.50	41.92
柯城区（n=111）	中	2	389	103.14	75.87	73.55
龙游县（n=1 989）	中	2	568	86.34	57.40	66.48
江山市（n=2 219）	中	17	543	78.07	52.23	66.90
常山县（n=1 195）	中	8	640	77.22	51.18	66.28
开化县（n=1 144）	低	3	768	73.32	67.00	91.38
衢州市（n=7 357）	中	2	768	81.12	55.70	68.67

第四节 时空变异特征

一、地力指标的时间变化

表2.11为衢州市不同历史时期对辖区内耕地地力的调查结果，其中1979—1985年的结果是由第二次土壤普查调查获得。从中大致可看出区内耕地土壤肥

力的演变趋势：土壤呈现明显的酸化，pH 4.5～5.5达到了57%（图2.3）。多数土壤的酸碱度由早期的以微酸性为主转变为以酸性为主。土壤有机质、全氮得到了一定的提升，有效磷和速效钾都增加较为明显，尤其是有效磷增加较为迅速，且这种增加趋势还在加剧。

表2.11　不同时期耕地地力指标中主要养分时间变化

时间	样本数	土壤pH值	有机质（g/kg）	全氮（g/kg）	有效磷（mg/kg）	速效钾（mg/kg）
1979—1985年	1 658/835	—	25.8/22.5	1.53/1.18	8.91/5.21	58/91
2007—2012年	7 357	5.42 ± 0.75	27.08 ± 10.12	1.62 ± 0.63	27.05 ± 41.60	81.12 ± 55.70

注：1979—1985年数值分别为水田/旱地平均值。旱地：pH 4.5～5.5，占比50.3%，pH 5.5～6.5，占比39.3%；水田：pH 4.6～5.5，占比19.3%，pH 5.5～6.5，占比59.63%。

二、不同地貌类型下地力指标变化

表2.12为农业地貌类型对耕地肥力指标的统计结果，从中可知，地貌类型对耕地地力指标有一定的影响。平均耕层厚度：平原>丘陵>山地；平均容重：丘陵>平原>山地；平均pH值：丘陵>平原>山地；平均有机质：山地>平原>丘陵；平均全氮：山地>丘陵>平原；平均有效磷：山地>平原>丘陵；平均速效钾：丘陵>平原>山地。

表2.12　不同地貌区耕地肥力指标的比较

地力指标	地貌类型		
	平原（n=2 961）	丘陵（n=4 006）	山地（n=390）
耕层厚度（cm）	16.81 ± 3.93	16.69 ± 3.4	15.86 ± 5.26
容重（g/cm³）	1.14 ± 0.13	1.16 ± 0.14	1.07 ± 0.1
pH值	5.34 ± 0.71	5.49 ± 0.78	5.22 ± 0.63
有机质（g/kg）	27.54 ± 10	26.45 ± 10.31	29.97 ± 8.26
全氮（g/kg）	1.62 ± 0.58	1.62 ± 0.68	1.69 ± 0.46
有效磷（mg/kg）	28 ± 40.51	26.24 ± 41.9	28.08 ± 46.43
速效钾（mg/kg）	79.34 ± 54.43	82.72 ± 56.86	78.12 ± 52.8

注：平原包含水网平原、河谷平原及河谷平原大畈；丘陵包括低丘、低丘大畈及高丘；山地包括低山和中山。

三、不同土壤类型下地力指标变化

表2.13为土壤类型对耕地地力指标的统计结果。不同土壤类型的耕地地力指标有一定的差别。平均耕层厚度：潮土>水稻土、红壤>粗骨土>紫色土>石灰（岩）土>黄壤与基性岩土；平均容重：潮土最高，其他土壤类型基本一致；平均pH值：石灰（岩）土>潮土、粗骨土、红壤>水稻土>紫色土>基性岩土>黄壤；平均有机质：基性岩土>黄壤与石灰（岩）土>红壤>水稻土与粗骨土>紫色土>潮土；平均全氮：基性岩土>石灰（岩）土>红壤、黄壤、粗骨土>水稻土>紫色土与潮土；平均有效磷：黄壤>潮土>粗骨土>紫色土>红壤>石灰（岩）土>水稻土>基性岩土；平均速效钾：基性岩土>粗骨土>潮土>紫色土>红壤>水稻土>黄壤>石灰（岩）土。

表2.13　不同土壤类型耕地肥力指标的比较

地力指标	石灰(岩)土	基性岩土	潮土	粗骨土	红壤	黄壤	水稻土	紫色土
调查样本数	112	10	62	197	690	49	6 008	229
耕层厚度（cm）	15.9 ± 3.6	15.7 ± 2.0	17.3 ± 3.1	16.6 ± 4.2	16.7 ± 3.5	15.7 ± 2.3	16.7 ± 3.8	16.2 ± 3.3
容重（g/cm³）	1.1 ± 0.1	1.1 ± 0.2	1.2 ± 0.1	1.1 ± 0.1	1.1 ± 0.1	1.1 ± 0.1	1.1 ± 0.1	1.1 ± 0.1
pH值	5.9 ± 1	5.2 ± 0.1	5.5 ± 0.8	5.5 ± 0.8	5.5 ± 0.8	5.1 ± 0.5	5.4 ± 0.7	5.3 ± 0.8
有机质（g/kg）	30.6 ± 10.3	38.2 ± 9.2	22.5 ± 9.1	26.4 ± 10.2	29.3 ± 11	30.7 ± 8.7	26.9 ± 10	24.8 ± 9.3
全氮（g/kg）	1.8 ± 0.6	2.3 ± 0.7	1.5 ± 0.6	1.7 ± 0.9	1.7 ± 0.6	1.7 ± 0.6	1.6 ± 0.6	1.5 ± 0.5
有效磷（mg/kg）	26.3 ± 24.2	8.4 ± 5.4	42.4 ± 43.9	37.9 ± 63	30.3 ± 42.5	55.8 ± 56.3	25.7 ± 39.9	34.3 ± 55.8
速效钾（mg/kg）	74.3 ± 45.8	118.7 ± 63	95.3 ± 50.2	97.1 ± 69.1	83 ± 67.2	74.9 ± 40.9	80.3 ± 54	83.4 ± 53.8

四、耕地地力指标空间变异

（一）pH值的空间变异

衢州市耕地土壤整体呈弱酸性，pH值4.5以下的酸性较高土壤主要分布在龙游县的南部、江山市的中部和开化县的部分丘陵地区；pH值为4.5~6.5的除柯城之外均有大量分布，其中以江山市的西北部、龙游区的中南部分布最多，其次是常山和开化的大部分丘陵地区；pH值6.5以上的则主要分布在衢江区和龙游县的北部丘陵地区以及常山县和开化县的部分丘陵地区。

（二）有机质含量的空间变异

有机质含量大于30 g/kg的主要分布在衢州的西部地区、集中在江山市的西北部、龙游县的南部丘陵地区和柯城区的东南部的平原区；有机质含量中等（10~30 g/kg）的主要分布在衢州的西部地区和东部龙游县中部平原区；有机质较低（≤10 g/kg）的主要分布在衢江区、龙游县的平原区以及常山县、开化县的部分丘陵地区。

（三）全氮含量的空间变异

土壤全氮较高（>2.5 g/kg）的主要分布在江山市的西北部；全氮处于中等（1~2.5 g/kg）的主要分布在衢州的西部和衢江区、龙游县的部分丘陵地区；全氮含量较低（≤0.75 g/kg）的主要分布在衢江区、龙游县的中部平原区以及部分丘陵地区。

（四）有效磷含量的空间变异

土壤有效磷较高（>35 mg/kg）在衢州市各县区内均有零散分布，集中分布在江山市、龙游县和柯城区的平原区；有效磷处于中等（15~35 mg/kg）的除柯城外均有大量分布，主要集中在衢州市东北部和西南部的平原区；有效磷含量较低（≤10 mg/kg）的主要分布在龙游、衢江的丘陵地区和江山市的西北部。

（五）速效钾含量的空间变异

土壤速效钾较高（>150 mg/kg）的主要分布在江山市、龙游县的部分平原区；速效钾处于中等（80~150 mg/kg）的主要集中在衢州市东部和西南部的平原区；速效钾含量较低（≤50 mg/kg）的在衢州市丘陵地区均有零散分布。

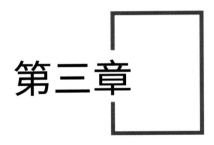

第三章

耕地地力评价

耕地地力评价是对耕地生产能力的评价，涉及采样点设计、土壤样品的采集与田间调查、土壤样品的制备与分析、耕地地力评价原则、评价指标体系的建立和评价方法的确定等环节。

第一节　调查采样与化验分析

一、采样点的设计布局

采样点布设是土壤样品测试的基础，采样点布设是否合理直接关系耕地地力调查的代表性水平。从保障调查精度与调查条件的许可出发，此次调查布点遵循以下原则。

（一）全面性的原则

一是调查内容的全面性。耕地地力评价是对耕地土壤养分等指标的综合评估。土壤自身的环境，也包括灌溉水及农业生产的管理等生态与社会等因素是改变耕地质量的主要因素。所以，科学地评价耕地地力，就要对影响耕地地力的这些因素开展整体的研究。二是采样布局地域全面性。衢州市处于浙中丘陵盆地区，地形地貌多样，取样点可以做到平原、山区等兼顾分布。三是取土种类的全面性。土壤每个类型都有取样布点，本次调查把第二次土壤普查成果作为基础，充分运用土壤普查的结果，并且尽可能在第二次普查的采样点上采样，从而达到充分利用土壤普查成果的目标。

（二）均衡性的原则

一是体现在采样布点的空间上，是指在确定样点布局设置数量的基础上，调查区域范围内样点的分设要遵循均衡的原则，避免某一范围过于疏或者某一范围过于密。二是按照土壤类型面积的大小和地形地貌类型面积的比例布局点位，不仅要考虑土种区域分布的复杂性，而且要统筹各种地形地貌类型面积的比例。

（三）突出重点的原则

一是重点项目要突出。取样布点需按照衢州市各县市区农业生产的现实情况，对社会广泛关心的农业生产上呈现的问题在普查时进行重点考察，例如粮食作物生产基地、无公害农产品生产基地环境问题与蔬菜基地的安全性问题等。二是突出重点区域。除无公害农产品和蔬菜生产基地外，还对多年连作的设施栽培菜瓜区、橘园等作重点调查。

通过综合分析第二次土壤普查时的各种类型土壤的采样点位、土壤类型、土地利用类型、地形地貌、行政区划图等资料，进行优化布局，以满足评价要求。在金衢盆地的衢江区、柯城区、江山市和龙游县的大畈水田20～33 hm²内至少要有一个土壤采样点，其他地区水田13～20 hm²一个采样点；菜地和园地7～10 hm²一个采样点；每个自然村至少要有1个采样点。在布点时需要充分考虑地形地貌、土壤类型与分布、肥力高低、作物种类等，保证采样点具有典型性、代表性和均匀性，土壤肥力或土壤质量差异大、当地优势农作物或种植经济作物的农田，应加大取样点密度和土壤样品取样数量，且不宜选在住宅周围、路旁、沟渠边等人为干扰较明显的地点。

二、田间调查

田间调查主要通过2种方式来实现：一是野外实地调查和测定；二是收集和分析相关调查成果和资料。调查的内容分为3个方面：自然成土因素、土壤剖面形态和农业生产条件等，并按调查表的内容逐一填写数据信息（表3.1）。

（1）自然成土因素的调查。主要通过咨询当地气象站，获得了积温、无霜期、降水等相关资料；查阅衢州市各县（市、区）的土壤志及其他相关资料，并辅以实地考察与调研分析，掌握衢州市海拔高度、坡度、地貌类型、成土母质等自然成土要素。

（2）土壤剖面形态的观察。在查阅县（市、区）土壤志等资料的基础上，通过对实地土壤剖面的实际调查和观察，基本掌握了市内各地不同土壤的土层厚度、土体结构、土壤质地、土壤干湿度、土壤孔隙度、土壤排水状况、土壤侵蚀情况等相关信息。

表3.1 采样地块基本情况调查表

统一编号：   调查组号：   采样序号：

采样目的：   采样日期：   上次采样日期：

地理位置	省（市）名称		地（市）名称		县（旗）名称	
	乡（镇）名称		村组名称		邮政编码	
	农户名称		地块名称		电话号码	
	地块位置		距村距离（m）		/	/
	纬度（° ′ ″）		经度（° ′ ″）		海拔（m）	
自然条件	地貌类型		地形部位		/	/
	地面坡度（°）		田面坡度（°）		坡向	
	通常地下水位（m）		最高地下水位（m）		最深地下水位（m）	
	常年降水量（mm）		常年有效积温（℃）		常年无霜期（天）	
生产条件	农田基础设施		排水能力		灌溉能力	
	水源条件		输水方式		灌溉方式	
	熟制		典型种植制度		常年产量水平（kg/hm^2）	

（续表）

土壤情况	土类		亚类		土属	
	土种		俗名		/	/
	成土母质		剖面构型		土壤质地（手测）	
	土壤结构		障碍因素		侵蚀程度	
	耕层厚度（cm）		采样深度（cm）		/	/
	田块面积（m²）		代表面积（m²）		/	/
采样调查单位	单位名称				联系人	
	地址				邮政编码	
	电话		传真		采样调查人	
	E-mail					

（3）农业生产条件的调查。根据《全国耕地地力调查项目技术规程》野外调查规程，设计了测土配方施肥采样地块基本情况调查表和农户施肥情况调查表等2种调查表，调查的内容主要包括：采样地点、户主姓名、采样地块面积、当前种植作物、前茬种植作物、作物品种、土壤类型、采样深度、立地条件、剖面性状、土地排灌状况、污染情况、种植制度、种植方式、常年产量水平、基础设施类型、投入情况。

三、土壤样品采集、制备与分析

（一）样品采集

（1）采集时间。衢州市水稻、蔬菜等大田作物土样采集时间定在前茬作物收获后、下茬作物种植前或尚未使用底肥前；橘园等多年生经济作物土样采集时间定在下一次肥料施肥前。

（2）田块选择。在采样前，先询问当地农民以了解当地农业生产情况，确定具有代表性的、面积大于0.66 hm²的田块作为采集田块，以保证所采土样能真实反映当地田块的地力和质量状况。

（3）采集要求。为保证采样质量，采集的样品应具有典型性和代表性。采样时间统一在作物收获后，以避免施肥的影响。采样时，根据图件上标注的点位，向当地农技人员或农户了解点位所在村的农业生产情况，确定具有代表性的田块。在采样田块的中心用GPS定位仪进行定位。长方形地块采用"S"法，近方形田块采用"X"法或棋盘形采样法。每个地块取6～8个分样点土壤，各分样点充分混合后，用四分法留取1.5 kg左右组成一个土壤样品，进行统一编号并贴上标签，同时挑出植物根系、秸秆、石块、虫体等杂物。

（4）采集方法。先用不锈钢军用折叠铲（测定铁、锰等微量元素的样品时采用木铲）去除2～3 cm表面土层，再用专用的不锈钢取土器取土，以保证每一个分样点采集土样的厚薄、宽窄、数量及采样深度相近；采样深度为3～18 cm。为了提高土壤样品采集的质量，使所有采集的分样点样品的大小、重量、深度基本保持一致，以达到土样质量均衡的目的。

（二）样品制备

野外采回的土壤样品置于干净整洁的室内通风处自然风干，同时尽量捏碎并剔除侵入体。风干后的土样经充分混匀后，按照不同的分析要求研磨过筛，装入样品瓶中备用，并写明必要的信息。样品分析工作结束后，将剩余土样封存，以备后用。用于pH值、交换性能及有效养分等项目测定的土样过2 mm孔土筛；供有机质、全氮等项目测定的土样过0.25 mm孔土筛。

过筛的土样应充分混匀后，装入样品瓶中备用。瓶内外各放标签一张，写明编号、采样地点、土壤名称、采样深度、样品粒径、采样日期、采样人及制样时间、制样人等项目。制备好的样品要妥为贮存，避免日晒、高温、潮湿和酸碱等气体的污染。样品按编号有序分类存放，以便查找。全部分析工作结束，分析数据核实无误后，试样一般应保存三个月至一年，以备查询。

（三）化验分析

土壤样品分析测定严格按照农业农村部《测土配方施肥技术规范》和浙江省《测土配方施肥项目工作规范》进行，部分测试方法引用教科书的经典方法，见表3.2。分析项目包括酸碱度（pH值）、容重、有机质、有效磷、速效钾、全氮和阳离子交换量等。

表3.2　土壤检测方法

分析项目	分析方法	单位
容重	环刀法（NY/T 1121.4—2006）	g/cm³
质地	比重计法（NY/T 1121.3—2006）	%
酸碱度	电位法（NY/T 1121.2—2006）	pH值
有机质	重铬酸钾氧化—外加热法（NY/T 1121.6—2006）	g/kg
全氮	半微量开氏法（NY/T 53—1987）	g/kg
有效磷	碳酸氢钠浸提—钼锑抗比色法（NY/T 148—1990）	mg/kg
速效钾	乙酸铵浸提—火焰光度法（NY/T 889—2004）	mg/kg
阳离子交换量	乙酸铵交换法（酸性及中性土壤）	cmol/kg（土）

（1）容重。测定土壤容重的方法为环刀法。在野外调查时取样，利用一定容积的环刀切割未搅动的自然状态的土壤，使土壤充满其中，烘干后称量计算单位体积的烘干土壤质量。一般适用于除坚硬和易碎的土壤以外各类土壤容重的测定。表层土壤容重做4～6个平行测定，底层做3～5个。

（2）质地。土壤颗粒分析方法目前最常用的为比重计法。

（3）酸碱度。土壤酸碱度（pH值）是土壤溶液中氢离子（H^+）活度的负对数。土液中H^+的存在形态可分为游离态和代换态两种。由游离态H^+所引起的酸度为活性酸度，即水浸pH值；由土壤胶体吸附性H^+、Al^+被盐溶液代换至溶液中所引起的酸度为代换性酸度，即盐浸pH值。用电位法测定pH值。

（4）有机质。用油浴加热重铬酸钾氧化-容量法测定有机质。其特点是可获得较为准确的分析结果而又不需特殊的仪器设备，操作简捷，且不受土样中的碳酸盐的干扰。盐土的有机质测定时可加入少量硫酸银，以避免因氯化物的存在而产生的测定结果偏高的现象。对于水稻土及一些长期渍水的土壤，测定时必须采用风干样品。

（5）全氮。用半微量凯氏法测定。通过消解、蒸馏、滴定及空白试验对照，计算得到全氮含量。

（6）有效磷。在同一土壤上应用不同的测定方法可得到不同的有效磷测定结果，因此土壤有效磷浸提剂的选择应根据土壤性质而定。本次耕地地力调查采用碳酸氢钠法进行测定，该方法适用于中性、微酸性和石灰性土壤。

（7）速效钾。土壤速效钾包括水溶性钾和交换性钾。浸提剂为1 mol/L乙酸铵，它能将土壤交换性钾和黏土矿物固定（非交换钾）的钾截然分开，且浸出量不因淋洗次数或浸提时间的增加而显著增加。该法设定土液比为1：10，振荡时间为15 min，而火焰光度法最适合速效钾的测定。

（8）阳离子交换量。阳离子交换量是指土壤胶体所能吸附的各种阳离子的总量，其数值以每千克土壤的厘摩尔数表示（cmol/kg）。用中性乙酸铵交换法测定。

（四）质量控制

为保证土壤评价结果的真实性和有效性，对检测质量的控制尤为重要。检测质量控制主要体现在以下几个方面。加强样品管理，严防样品在制样、贮存、检测过程中错样、漏样、不均匀、不符合粒径要求、污染及损坏等，以确保样品的唯一性、均匀性、真实性、代表性、完整性；选择适宜的、统一的、科学的检测方法，应尽可能与第二次土壤普查时所用方法一致，确保检测结果的可比性；严格执行标准或规程，操作规范；改善检测环境，加强对易造成检测结果误差的环境条件的控制；加强计量管理，确保仪器设备的准确性；通过采用平行测定及添加标准样或参比样的方法，尽量确保检测结果的准确性。

衢州市的样品分析是通过自检和对外送检相结合的形式进行的。自检的化验分析质量控制严格按照农业农村部《全国耕地地力调查与质量评价技术规程》和衢州市各县（市、区）耕地地力调查与评价实施方案等有关规定执行；平行双样测定结果其误差控制在5%以内；且在每一次分析测试前，都应对仪器进行自检，以确保仪器设备的正常运行。对外送检均应选择具有资质的检测机构进行检测。

第二节　耕地地力评价依据及方法

耕地地力是指由土壤本身特征，耕作管理水平与自然背景等一系列要素所构成的耕地生产能力。其受到自然环境、土壤理化性质和栽培管理等大量因素的影响，主要包括以下三个主要因素：一是立地条件，其与耕地地力直接有关的地形地貌和成土母质特征；二是土壤条件，包含土体构型、耕作层土壤的理化性状、特殊土壤的理化指标；三是农田基础设施及培肥水平等。因此，耕地地力评价工作应该选择合适的评价因素加以评价。

一、评价依据

耕地地力是耕地本身的生产能力，开展耕地地力评价主要是依据与此相关的各类自然和社会经济要素。具体参照NY/T1634—2008《耕地地力调查与质量评价技术规程》和结合当地实际要求开展耕地地力评价。具体包括以下三个方面：①耕地地力的自然环境要素。包括耕地所处的地形地貌条件、水文地质条件、成土母质条件以及土地利用状况等。②耕地地力的土壤理化要素。包括土壤剖面与土体构型、耕层厚度、质地、容重等物理性状，有机质、全氮、有效磷和速效钾等主要养分、微量元素、pH值、阳离子交换量等化学性状等。③耕地地力的农田基础设施条件。包括耕地的灌排条件、水土保持工程建设、培肥管理条件等。

二、评价技术流程

耕地地力评价工作分为准备阶段、调查分析阶段、评价阶段和成果汇总阶段等4个阶段，其具体的工作步骤如图3.1所示。根据国内外的大量相关项目和研究，并结合当前衢州市资料和数据的现状，耕地地力评价主要包括以下步骤：

第一步：利用3S技术，收集整理以第二次土壤普查成果为主的所有相关历史数据资料和测土数据资料，采用各种方法和技术手段，以县（市、区）为单位建立耕地资源基础数据库。

第二步：根据国家和省级耕地地力评价指标体系，在省级专家技术组的主持下，针对各县（市、区）有实践经验的专家建议，结合实际，选择衢州市各县市区的耕地地力评价指标。

第三步：利用数字化过的标准的县（市、区）级土壤图和土地利用现状图，确定评价单元。

第四步：对每个评价单元进行赋值、标准化和计算每个因素的权重。不同性质的数据，赋值的方法也不同。数据标准化主要采用隶属函数法，并结合层次分析法确定每个因素的权重。最后，进行综合评价并纳入浙江省耕地地力等级体系中。

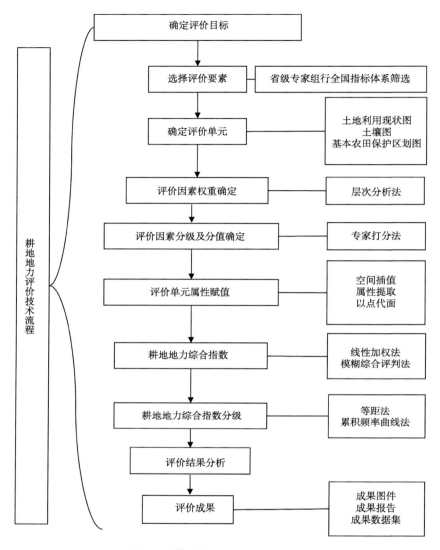

图3.1　耕地地力评价技术流程图

三、评价指标确立

（一）构建耕地地力评价的指标体系

耕地地力即为耕地生产能力，耕地地力主要由三大因素决定：一是立地条件，就是与耕地地力直接相关的地形地貌及成土条件，包括成土时间与母质；二是土壤条件，包括土体构型、耕作层土壤的理化性状、土壤特殊理化指标；

三是农田基础设施及培肥水平等。为了能比较正确地反映衢州市耕地地力水平，参照浙江省耕地地力分等定级技术规范，结合衢州市实际，选取了地貌类型、冬季地下水位、地表砾石度、土体剖面构型、耕层厚度、耕层质地、坡度、容重、pH值、阳离子交换量、水溶性盐总量、有机质、有效磷、速效钾、排涝抗旱能力等15项因子，作为衢州市耕地地力评价的指标体系。

评价指标体系共分三个层次：第一层为目标层，即耕地地力；第二层为状态层，其评价要素是在省级状态层要素中选取了4个，它们分别是立地条件、剖面性状、理化性状、土壤管理；第三层为指标层，其评价要素与省级指标层基本相同。详见表3.3。

表3.3 衢州市耕地地力评价指标体系

目标层	状态层	指标层
耕地地力	立地条件	地貌类型
		坡度
		冬季地下水位
		地表砾石度
	剖面性状	剖面构型
		耕层厚度
	理化性状	质地
		容重
		pH值
		阳离子交换量
		水溶性盐总量
		有机质
		有效磷
		速效钾
	土壤管理	抗旱/排涝能力

（二）明确评价指标分级和分值

本次地力评价采用因素（即指标，下同）分值线性加权方法计算评价单元综合地力指数，因此，首先需要建立因素的分级标准，并确定相应的分值，形成因素分级和分值体系表。参照浙江省耕地地力评价指标分级分值标准，经市、区的专家评估比较，确定衢州市各因素的分级和分值标准，分值1表示最好，分值0.1表示最差。具体如下。

（1）地貌类型。

水网平原	滨海平原、河谷平原大畈、丘陵大畈	河谷平原	低丘	高丘、山地
1.0	0.8	0.7	0.5	0.3

（2）坡度。

≤3	3～6	6～10	10～15	15～25	>25
1.0	0.8	0.7	0.4	0.1	0.0

（3）冬季地下水位（距地面，cm）。

80～100	>100	50～80	20～50	≤20
1.0	0.8	0.7	0.3	0.1

（4）地表砾石度（1 mm以上土占比，%）。

≤10	10～25	>25
1.0	0.5	0.2

（5）剖面构型。

A-Ap-W-C、A-〔B〕-C	A-Ap-P-C、A-Ap-Gw-G A-Ap-Gw-G	A-[B]C-C	A-Ap-C、A-Ap-G	A-C
1.0	0.8	0.5	0.3	0.1

（6）耕层厚度（cm）。

>20	16～20	12～16	8.0～12	≤8.0
1.0	0.9	0.8	0.6	0.3

（7）质地。

黏壤土	壤土、砂壤土	黏土、壤砂土	砂土
1.0	0.9	0.7	0.5

（8）容重（g/cm^3）。

0.9～1.1	≤0.9或1.1～1.3	>1.3
1.0	0.8	0.5

（9）pH值。

6.5～7.5	5.5～6.5	7.5～8.5	4.5～5.5	≤4.5、>8.5
1.0	0.8	0.7	0.4	0.2

（10）阳离子交换量（cmol/kg）。

>20	15～20	10～15	5～10	≤5
1.0	0.9	0.6	0.4	0.1

（11）水溶性盐总量（g/kg）。

≤1	1～2	2～3	3～4	4～5	>5
1.0	0.8	0.5	0.3	0.2	0.1

（12）有机质（g/kg）。

>40	30～40	20～30	10～20	≤10
1.0	0.9	0.8	0.5	0.3

（13）有效磷（mg/kg）。

30～40	20～30	15～20或>40	10～15	5～10	≤5
1.0	0.9	0.8	0.7	0.5	0.2

（14）速效钾（mg/kg）。

≤50	50～80	80～100	100～150	>150
0.3	0.5	0.7	0.9	1.0

（15）排涝（抗旱）能力。

排涝能力

一日暴雨一日排出	一日暴雨二日排出	一日暴雨三日排出
1.0	0.6	0.2

抗旱能力

>70天	50～70天	30～50天	≤30天
1.0	0.8	0.4	0.2

（三）确定指标权重

指标权重的确定是经过多次的专家讨论、典型地区试点测算和意见征求反馈后，形成的适合地方特点的权重分配系数，最终的评价结果也得到了各方的认可，并广泛地应用到近年来的千万亩标准农田地力提升和粮食生产功能区建设等项目管理中。衢州市耕地地力评价对参与评价的15个指标进行了权重系数分配，具体指标体系权重分配数值见表3.4。

表3.4　衢州市耕地地力评价体系各指标权重

序号	指标	权重	序号	指标	权重
1	地貌类型	0.100	9	pH值	0.060
2	剖面构型	0.050	10	阳离子交换量	0.080
3	地表砾石度	0.060	11	水溶性盐总量	0.040
4	冬季地下水位	0.050	12	有机质	0.100 0
5	耕层厚度	0.070	13	有效磷	0.060
6	耕层质地	0.080	14	速效钾	0.060
7	坡度	0.050	15	排涝/抗旱能力	0.100 0
8	容重	0.040			

四、评价单元确立及评价方法

（一）评价单元及赋值

（1）评价单元确立。根据土壤类型划分评价单元可以在一定程度上反映耕地地力的差异性。其优点是能充分反映土壤类型在耕地地力中的重要地位，同时能够充分利用土壤普查中的资料，节省大量的野外调查工作量。缺点是这样划分的评价单元往往实地缺乏明显的界线，与自然田块、行政界线不一致；另外，由于利用方式和耕作管理措施不同，同一种土壤类型内耕地地力会发生较大的差异。按土地利用现状图的基础制图单元作为耕地评价单元，其优点是单元内地形、水利状况基本一致，种植作物的种类、管理水平、常年产量也基本相同。不足之处是评价单元的区域较大，往往跨越乡界，另外，同一单元内可能包含多种土壤类型。综合以上几种基础图的优缺点，衢州市耕地地力评价采用1∶1万土地利用现状图（含行政区划图）与1∶5万土壤图（土种）叠加产生的图斑作为评价单元。

（2）评价单元赋值。评价单元图的每个图斑都必须有参与评价指标的属性数据。根据不同类型数据的特点，可采用以下几种途径为评价单元获取数据：一是对于点分布图，先进行插值形成栅格图，与评价单元图叠加后采用加权统计的方法为评价单元赋值。如土壤速效钾点位图、有效磷点位图等。二是对于矢量图，直接与评价单元图叠加，再采用加权统计的方法为评价单元赋值。如土壤质地、容重等较稳定的土壤理化性状，可用全市范围内同一个土种的平均值作为评价单元赋值。

（二）评价方法

根据每个耕地地力评价单元各指标权重和生产能力分值，计算出综合地力分值，根据表3.5所示耕地地力分等定级综合地力指数方案，即可划分评价单元地力等级状况。若评价单元存在土壤主要障碍因子，降一个等级。衢州市农田耕地地力划分为三等六级，其中，一、二级为一等地；三、四级为二等地；五、六级为三等地。

（1）计算地力指数。应用线性加权法，计算每个评价单元的综合地力指数（IFI）。计算公式为：

$$IFI = \sum (Fi \times wi)$$

其中：$\sum$为求和运算符；Fi为评价单元第i个评价因素的分值，wi为第i个评价因素的权重，即该属性对耕地地力的贡献率。

（2）耕地地力等级划分。应用等距法确定耕地地力综合指数分级方案，将衢州市耕地地力等级分为三等六级（表3.5）。

表3.5 衢州市耕地地力评价等级划分

耕地地力等级		耕地综合地力指数（IFI）
一等	一级	≥0.9
	二级	0.8～0.9
二等	三级	0.7～0.8
	四级	0.6～0.7
三等	五级	0.5～0.6
	六级	<0.50

五、评价结果汇总输出

（1）建立空间数据库和属性数据库。按评价指标体系，分别建立各评价指标的空间分布和属性数据库。具体包括地貌类型、冬季地下水位、地表砾石度、土体剖面构型、耕层厚度、耕层质地、坡度、容重、pH值、阳离子交换量、水溶性盐总量、有机质、有效磷、速效钾、排涝抗旱能力等15项指标的空间点位分布及属性表的基础数据库。

（2）关键养分等指标的专题图输出。应用空间叠加分析，以点代面和区域统计方法计算地力评价指标中的pH值、有机质、全氮、有效磷、速效钾、阳离子交换量等指标的空间分布专题图，分县（市、区）和全市等多个不同尺度。

（3）编制耕地地力等级图。应用GIS技术和地统计方法进行耕地地力等级的空间插值分析，形成全市和各县（市、区）耕地地力等级图。

第三节　耕地地力等级情况

一、全市耕地地力等级情况

衢州市耕地地力评价涉及的耕地总面积为139 530.99 hm²（表3.6）。根据耕地生产性能综合指数值，采用等距法将耕地地力划分为三等六级。一等地是衢州市的高产耕地，面积为8 695.14 hm²，占耕地总面积的6.23%；二等地属中产耕地，面积为126 004.21 hm²，是衢州市耕地的主体，占耕地总面积的90.31%；三等地属低产耕地，面积较少，为4 831.65 hm²，仅占3.46%。衢州市耕地以二等地为主，一等地、三等地面积均较小，总体上衢州市耕地质量中等偏上。

一等地、二等地和三等地依次可分为一级、二级，三级、四级和五级、六级耕地。统计表明（表3.6），衢州市无一级地力耕地；二级地力耕地面积为8 695.14 hm²，占耕地总面积的6.23%；三级地力耕地面积为82 007.51 hm²，占耕地总面积的58.77%；四级地力耕地面积为43 996.70 hm²，占耕地总面积的31.53%；五级地力耕地面积有4 782.34 hm²，占全县耕地面积的3.43%；六级地力耕地面积有49.30 hm²，占全县耕地面积的0.04%。可见，衢州市的耕地主要由三级和四级组成，耕地地力主要为中高水平。

表3.6 衢州市耕地地力等级统计

等别	分级	地块总数	所占比例（%）	总面积（hm²）	所占比例（%）
合计		138 750	100.00	139 530.99	100.00
一等地		8 413	6.06	8 695.14	6.23
	一级	0	0	0	0
	二级	8 413	6.06	8 695.14	6.23
二等地		124 796	89.94	126 004.21	90.31
	三级	78 279	56.42	82 007.51	58.77
	四级	46 517	33.53	43 996.70	31.53
三等地		5 541	3.99	4 831.65	3.46
	五级	5 490	3.96	4 782.34	3.43
	六级	51	0.04	49.30	0.04

二、各县（区、市）耕地地力情况

表3.7为全市各县（市、区）不同级别耕地的分布情况。江山市的耕地面积最大，为34 765.52 hm^2；其次为龙游县和衢江区，面积分别为30 880.26 hm^{2}和29 515.66 hm^2；柯城区的耕地面积最小，只有6 097.18 hm^2；另外常山县和开化县的耕地面积则为15 000 ~ 25 000 hm^2。从表3.7中统计数据可知，各县（市、区）平均地力指数均略高于0.7，且差异不大；相应地，江山市的一等地比例最高，约11.90%，其他县（市、区）一等地比例均不超过8%，占比最少为衢江区和常山县，均仅占2%；衢州市各县（市、区）的耕地主要为二等地，其中衢江区和常山县的二等地比例均在95%以上，仅开化县和江山市的二等地比例不足85%，其余二等地占比均超90%；除开化县三等地比例为8.71%，其他县（市、区）的三等地比例均在5%以下。

从总面积来看，一等地面积在4 000 hm^{2}以上的县（市、区）仅有江山市，而柯城区、衢江区、常山县的一等地面积均不足1 000 hm^2。二等地总面积最大的是江山市，有29 540.35 hm^2；龙游县和衢江区紧随其后，面积分别为28 500.50 hm^{2}和28 070.14 hm^2；柯城区二等地面积最少，仅5 708.71 hm^2；其他县（市、区）的二等地面积为15 000 ~ 20 000 hm^2。各县（市、区）三等地的面积普遍较少，面积最大的开化县仅为1 953.97 hm^2，不足2 000 hm^2，其他除江山市（1 086.54 hm^2）外均在1 000 hm^{2}以下，其中柯城区和常山县三等地的面积均不足200 hm^2。

表3.8为衢州市耕地分乡镇分级汇总表，各乡镇不同等级的耕地构成有较大的差异，其中柯城区花园街道和江山市清湖镇的一等地比例达30%，地力等级较高；除柯城区白云街道（12.22%）、衢江区大洲镇（55.56%）和龙游县大街乡（51.88%）外，其余乡镇（街道）二等地比例均高达60%以上；柯城区白云街道三等地比例高达87.78%，其余乡镇（街道）三等地比例均在50%以下。一般是平原乡镇的一等和二等地面积占比较高，而丘陵乡镇的三等地占比较高。

表3.7 衢州市各县（市、区）耕地地力分级汇总

县（市、区）	面积（hm²）	占总面积（%）	平均地力指数	一等地 面积（hm²）	一等地占本县（%）	一级地占本县（%）	二级地占本县（%）	二等地 面积（hm²）	二等地占本县（%）	三级地占本县（%）	四级地占本县（%）	三等地 面积（hm²）	三等地占本县（%）	五级地占本县（%）	六级地占本县（%）
柯城区	6 097.18	4.37	0.72	239.26	3.92	0	3.92	5 708.71	93.63	67.15	26.48	149.21	2.45	2.45	0
衢江区	29 515.66	21.15	0.70	590.66	2.00	0	2.00	28 070.14	95.10	52.92	42.18	854.86	2.90	2.90	0
常山县	15 836.06	11.35	0.72	332.68	2.10	0	2.10	15 323.58	96.76	64.38	32.38	179.80	1.14	1.14	0
开化县	22 436.31	16.08	0.70	1 621.42	7.23	0	7.23	18 860.92	84.06	46.03	38.03	1 953.97	8.71	8.54	0.17
龙游县	30 880.26	22.13	0.73	1 772.50	5.74	0	5.74	28 500.50	92.29	71.88	20.42	607.26	1.97	1.97	0
江山市	34 765.52	24.92	0.73	4 138.62	11.90	0	11.90	29 540.35	84.97	56.31	28.66	1 086.54	3.13	3.10	0.03
总计	139 530.99	100.00	0.72	8 695.14	6.23	0	6.23	126 004.21	90.31	58.77	31.53	4 831.65	3.46	3.43	0.04

表3.8 衢州市各分乡镇（街道）耕地地力分级汇总

乡镇	面积（hm²）	平均地力指数	一等地 面积（hm²）	一等地占本镇（%）	一级地占本镇（%）	二级地占本镇（%）	二等地 面积（hm²）	二等地占本镇（%）	三级地占本镇（%）	四级地占本镇（%）	三等地 面积（hm²）	三等地占本镇（%）	五级地占本镇（%）	六级地占本镇（%）
柯城区	6 097.18	0.72	239.26	3.92	0	3.92	5 708.71	93.63	67.15	26.48	149.21	2.45	2.45	0
双港街道	213.86	0.77	22.43	10.49	10.49	0	191.43	89.51	89.51	0	0	0	0	0

（续表）

乡镇	面积(hm²)	平均地力指数	一等地 面积(hm²)	一级地占本镇(%)	二级地占本镇(%)	二等地 面积(hm²)	二等地占本镇(%)	三级地占本镇(%)	四级地占本镇(%)	三等地 面积(hm²)	三等地占本镇(%)	五级地占本镇(%)	六级地占本镇(%)
信安街道	105.28	0.74	0	0	0	105.28	100.00	91.29	8.71	0	0	0	0
黄家街道	795.43	0.74	89.82	11.29	11.29	705.61	88.71	86.33	2.37	0	0	0	0
花园街道	418.08	0.77	127.00	30.38	30.38	291.08	69.62	64.04	5.59	0	0	0	0
石室乡	889.11	0.72	0	0	0	889.11	100.00	78.55	21.45	0	0	0	0
新新街道	100.80	0.71	0	0	0	99.44	98.65	67.56	31.10	1.36	1.35	1.35	0
万田乡	538.99	0.68	0	0	0	506.85	94.04	31.10	62.94	32.14	5.96	5.96	0
姜家山乡	106.21	0.70	0	0	0	106.21	100.00	23.28	76.72	0	0	0	0
九华乡	1 977.82	0.71	0	0	0	1 977.82	100.00	67.27	32.73	0	0	0	0
石梁镇	352.05	0.72	0	0	0	352.05	100.00	81.37	18.63	0	0	0	0
七里乡	72.57	0.73	0	0	0	72.57	100.00	91.48	8.52	0	0	0	0
白云街道	121.16	0.60	0	0	0	14.80	12.22	12.22	0	106.36	87.78	87.78	0
荷花街道	0	0	0	0	0	0	0	0	0	0	0	0	0
沟溪乡	109.70	0.74	0	0	0	109.70	100.00	100.00	0	0	0	0	0
航埠镇	151.90	0.69	0	0	0	151.90	100.00	27.02	72.98	0	0	0	0

（续表）

乡镇	面积 (hm²)	平均地力指数	一等地			二等地				三等地			
			面积 (hm²)	一级地占本镇 (%)	二级地占本镇 (%)	面积 (hm²)	二等地占本镇 (%)	三级地占本镇 (%)	四级地占本镇 (%)	面积 (hm²)	三等地占本镇 (%)	五级地占本镇 (%)	六级地占本镇 (%)
华墅乡	144.22	0.67	0	0	0	134.86	93.51	30.78	62.73	9.36	6.49	6.49	0
衢江区	29 515.66	0.70	590.66	2.00	2.00	28 070.14	95.10	52.92	42.18	854.86	2.90	2.90	0
上方镇	1 584.59	0.68	71.35	4.50	4.50	1 478.28	93.29	30.83	62.46	34.97	2.21	2.21	0
峡川镇	1 025.71	0.71	0	0	0	1 025.71	100.00	60.66	39.34	0	0	0	0
杜泽镇	1 793.34	0.74	47.87	2.67	2.67	1 745.46	97.33	83.05	14.29	0	0	0	0
莲花镇	3 551.50	0.71	120.66	3.40	3.40	3 430.67	96.60	53.56	43.04	0.16	0.00	0.00	0
高家镇	3 817.92	0.71	54.36	1.42	1.42	3 678.63	96.35	62.71	33.64	84.93	2.22	2.22	0
樟潭街道	994.25	0.75	57.09	5.74	5.74	937.15	94.26	91.87	2.39	0	0	0	0
全旺镇	2 476.02	0.70	36.35	1.47	1.47	2 399.18	96.90	48.83	48.07	40.49	1.64	1.64	0
大洲镇	1 194.45	0.65	48.71	4.08	4.08	663.60	55.56	17.93	37.63	482.13	40.36	40.36	0
后溪镇	2 471.70	0.68	0	0	0	2 438.69	98.66	35.12	63.54	33.01	1.34	1.34	0
廿里镇	2 796.63	0.69	9.69	0.35	0.35	2 786.94	99.65	29.01	70.64	0	0	0	0
湖南镇	625.77	0.69	1.41	0.23	0.23	577.84	92.34	65.02	27.32	46.52	7.43	7.43	0
灰坪乡	76.93	0.69	0	0	0	76.93	100.00	54.42	45.58	0	0	0	0

（续表）

乡镇	面积 (hm²)	平均地力指数	一等地 面积 (hm²)	一等地占本镇 (%)	一级地占本镇 (%)	二级地占本镇 (%)	二等地 面积 (hm²)	二等地占本镇 (%)	三级地占本镇 (%)	四级地占本镇 (%)	三等地 面积 (hm²)	三等地占本镇 (%)	五级地占本镇 (%)	六级地占本镇 (%)
大真乡	63.34	0.69	0	0	0	0	63.34	100.00	63.44	36.56	0	0	0	0
双桥乡	73.37	0.70	0	0	0	0	73.37	100.00	40.70	59.30	0	0	0	0
周家乡	1 206.77	0.70	0	0	0	0	1 206.77	100.00	45.75	54.25	0	0	0	0
云溪乡	2 335.41	0.72	100.18	4.29	0	4.29	2 225.75	95.30	66.80	28.50	9.49	0.41	0.41	0
横路乡	1 594.67	0.72	4.95	0.31	0	0.31	1 582.05	99.21	68.02	31.19	7.67	0.48	0.48	0
黄坛口乡	327.24	0.71	38.02	11.62	0	11.62	234.18	71.56	63.38	8.19	55.04	16.82	16.82	0
举村乡	221.74	0.63	0	0	0	0	183.77	82.88	0	82.88	37.97	17.12	17.12	0
岭洋乡	277.21	0.64	0	0	0	0	254.72	91.89	13.31	78.57	22.49	8.11	8.11	0
浮石街道	1 007.11	0.72	0	0	0	0	1 007.11	100.00	74.17	25.83	0	0	0	0
常山县	15 836.06	0.72	332.68	2.10	0	2.10	15 323.58	96.76	64.38	32.38	179.80	1.14	1.14	0
天马镇	2 828.40	0.74	126.30	4.47	0	4.47	2 676.91	94.64	82.28	12.37	25.20	0.89	0.89	0
辉埠镇	832.16	0.73	29.99	3.60	0	3.60	802.17	96.40	73.32	23.08	0	0	0	0
芳村镇	753.43	0.72	13.35	1.77	0	1.77	740.07	98.23	61.24	36.99	0	0	0	0
白石镇	857.75	0.72	13.23	1.54	0	1.54	843.11	98.29	72.65	25.64	1.41	0.16	0.16	0

（续表）

乡镇	面积(hm²)	平均地力指数	一等地 面积(hm²)	一等地占本镇(%)	一级地占本镇(%)	二级地占本镇(%)	二等地 面积(hm²)	二等地占本镇(%)	三级地占本镇(%)	四级地占本镇(%)	三等地 面积(hm²)	三等地占本镇(%)	五级地占本镇(%)	六级地占本镇(%)
球川镇	2 703.03	0.71	82.95	3.07	0	3.07	2 551.40	94.39	61.49	32.90	68.68	2.54	2.54	0
招贤镇	1 309.80	0.70	1.89	0.14	0	0.14	1 243.35	94.93	60.40	34.53	64.57	4.93	4.93	0
青石镇	1 373.91	0.72	0	0	0	0	1 369.64	99.69	66.16	33.53	4.28	0.31	0.31	0
何家乡	851.89	0.72	42.15	4.95	0	4.95	809.74	95.05	70.11	24.94	0	0	0	0
宋畈乡	1 076.17	0.69	11.01	1.02	0	1.02	1 055.29	98.06	38.69	59.37	9.88	0.92	0.92	0
新昌乡	601.46	0.69	0	0	0	0	601.46	100.00	36.34	63.66	0	0	0	0
新桥乡	224.06	0.67	0	0	0	0	221.02	98.64	6.17	92.48	3.05	1.36	1.36	0
同弓乡	1 020.28	0.72	11.82	1.16	0	1.16	1 008.46	98.84	71.58	27.26	0	0	0	0
大桥头乡	716.77	0.73	0	0	0	0	714.02	99.62	90.72	8.89	2.75	0.38	0.38	0
东案乡	686.94	0.67	0	0	0	0	686.94	100.00	26.93	73.07	0	0	0	0
开化县	22 436.31	0.70	1 621.42	7.23	0	7.23	18 860.92	84.06	46.03	38.03	1 953.97	8.71	8.54	0.17
城关镇	2 395.62	0.75	619.92	25.88	0	25.88	1 749.26	73.02	52.08	20.94	26.44	1.10	1.10	0
中村乡	843.91	0.65	0	0	0	0	633.46	75.06	16.23	58.83	210.45	24.94	24.94	0
音坑乡	2 052.90	0.72	199.16	9.70	0	9.70	1 805.58	87.95	55.86	32.09	48.15	2.35	2.35	0

（续表）

乡镇	面积 (hm²)	平均地力指数	一等地 面积 (hm²)	一等地占本镇 (%)	一级地占本镇 (%)	二级地占本镇 (%)	二等地 面积 (hm²)	二等地占本镇 (%)	三级地占本镇 (%)	四级地占本镇 (%)	三等地 面积 (hm²)	三等地占本镇 (%)	五级地占本镇 (%)	六级地占本镇 (%)
林山乡	901.19	0.64	0	0	0	0	679.91	75.45	12.60	62.85	221.28	24.55	24.55	0
马金镇	2 311.46	0.76	449.41	19.44	0	19.44	1 862.05	80.56	61.57	18.98	0	0	0	0
齐溪镇	317.03	0.66	0	0	0	0	317.03	100.00	0.07	99.93	0	0	0	0
何田乡	866.87	0.72	62.36	7.19	0	7.19	804.52	92.81	42.22	50.59	0	0	0	0
塘坞乡	561.98	0.74	112.83	20.08	0	20.08	449.15	79.92	50.61	29.31	0	0	0	0
村头镇	975.54	0.69	0	0	0	0	818.17	83.87	55.10	28.77	157.36	16.13	15.28	0.86
大溪边乡	744.57	0.72	20.19	2.71	0	2.71	656.50	88.17	74.03	14.15	67.88	9.12	9.12	0
池淮镇	1 976.94	0.69	65.55	3.32	0	3.32	1 652.09	83.57	48.49	35.08	259.30	13.12	11.99	1.13
苏庄镇	1 312.84	0.70	0	0	0	0	1 297.48	98.83	51.48	47.35	15.36	1.17	1.17	0
长虹乡	975.41	0.64	2.36	0.24	0	0.24	757.89	77.70	11.87	65.83	215.16	22.06	21.69	0.37
张湾乡	760.37	0.64	0	0	0	0	643.50	84.63	17.55	67.08	116.88	15.37	15.37	0
华埠镇	2 387.76	0.69	11.88	0.50	0	0.50	2 125.43	89.01	44.64	44.38	250.44	10.49	10.49	0
杨林镇	1 379.35	0.69	74.64	5.41	0	5.41	1 128.08	81.78	40.33	41.46	176.63	12.81	12.73	0.07
桐村镇	1 307.77	0.68	3.11	0.24	0	0.24	1 116.02	85.34	51.92	33.41	188.64	14.42	14.15	0.27

（续表）

乡镇	面积(hm²)	平均地力指数	一等地				二等地				三等地			
			面积(hm²)	一等地占本镇(%)	一级地占本镇(%)	二级地占本镇(%)	面积(hm²)	二等地占本镇(%)	三级地占本镇(%)	四级地占本镇(%)	面积(hm²)	三等地占本镇(%)	五级地占本镇(%)	六级地占本镇(%)
金村乡	364.79	0.73	0	0	0	0	364.79	100.00	92.00	8.00	0	0	0	0
龙游县	30 880.26	0.73	1 772.50	5.74	0	5.74	28 500.50	92.29	71.88	20.42	607.26	1.97	1.97	0
东华街道	1 493.09	0.76	158.21	10.60	0	10.60	1 334.88	89.40	89.29	0.11	0	0	0	0
湖镇镇	5 253.51	0.75	732.43	13.94	0	13.94	4 521.08	86.06	76.39	9.67	0	0	0	0
詹家镇	2 842.87	0.75	152.44	5.36	0	5.36	2 690.44	94.64	90.28	4.36	0	0	0	0
小南海镇	3 301.88	0.71	39.92	1.21	0	1.21	3 135.88	94.97	68.12	26.86	126.08	3.82	3.82	0
横山镇	2 981.49	0.73	226.48	7.60	0	7.60	2 684.51	90.04	65.28	24.76	70.49	2.36	2.36	0
溪口镇	1 373.14	0.71	0	0	0	0	1 373.14	100.00	74.36	25.64	0	0	0	0
塔石镇	4 245.41	0.73	217.67	5.13	0	5.13	4 027.74	94.87	75.91	18.96	0	0	0	0
沐尘畲族乡	749.53	0.67	0	0	0	0	696.41	92.91	21.64	71.27	53.12	7.09	7.09	0
大街乡	350.17	0.62	0	0	0	0	181.67	51.88	2.69	49.19	168.49	48.12	48.12	0
庙下乡	734.91	0.67	0	0	0	0	641.31	87.26	19.62	67.64	93.60	12.74	12.74	0
龙洲街道	1 720.62	0.74	108.52	6.31	0	6.31	1 602.62	93.14	81.97	11.18	9.48	0.55	0.55	0

（续表）

乡镇	面积 (hm²)	平均地力指数	一等地 面积 (hm²)	一等地占本镇 (%)	一级地占本镇 (%)	二级地占本镇 (%)	二等地 面积 (hm²)	二等地占本镇 (%)	三级地占本镇 (%)	四级地占本镇 (%)	三等地 面积 (hm²)	三等地占本镇 (%)	五级地占本镇 (%)	六级地占本镇 (%)
罗家乡	485.29	0.69	0	0	0	0	409.34	84.35	54.93	29.42	75.95	15.65	15.65	0
杜阳乡	658.82	0.71	0.18	0.03	0	0.03	658.64	99.97	68.07	31.91	0	0	0	0
模环乡	3 336.05	0.73	130.27	3.90	0	3.90	3 195.75	95.79	74.91	20.88	10.03	0.30	0.30	0
石佛乡	1 353.47	0.72	6.38	0.47	0	0.47	1 347.10	99.53	66.73	32.80	0	0	0	0
江山市	34 765.52	0.73	4 138.62	11.90	0	11.90	29 540.35	84.97	56.31	28.66	1 086.54	3.13	3.10	0.03
双塔街道	1 365.72	0.74	42.91	3.14	0	3.14	1 322.81	96.86	79.06	17.80	0	0	0	0
虎山街道	1 191.89	0.75	147.88	12.41	0	12.41	1 044.01	87.59	78.83	8.77	0	0	0	0
清湖镇	2 637.23	0.78	786.65	29.83	0	29.83	1 850.59	70.17	66.28	3.89	0	0	0	0
大桥镇	1 660.99	0.73	78.43	4.72	0	4.72	1 576.61	94.92	67.39	27.53	5.95	0.36	0.36	0
淤头镇	1 950.90	0.75	432.21	22.15	0	22.15	1 518.38	77.83	59.92	17.91	0.31	0.02	0.02	0
石门镇	2 659.26	0.74	268.62	10.10	0	10.10	2 382.61	89.60	72.78	16.82	8.02	0.30	0.30	0
双溪口乡	205.93	0.62	0	0	0	0	131.22	63.72	1.95	61.77	74.71	36.28	36.28	0
四都镇	1 438.07	0.73	140.64	9.78	0	9.78	1 295.51	90.09	64.94	25.14	1.93	0.13	0.13	0
坛石镇	1 896.63	0.71	45.67	2.41	0	2.41	1 850.97	97.59	60.64	36.96	0	0	0	0

（续表）

乡镇	面积(hm²)	平均地力指数	一等地				二等地				三等地			
			面积(hm²)	一等地占本镇(%)	一级地占本镇(%)	二级地占本镇(%)	面积(hm²)	二等地占本镇(%)	三级地占本镇(%)	四级地占本镇(%)	面积(hm²)	三等地占本镇(%)	五级地占本镇(%)	六级地占本镇(%)
新塘边镇	1 998.49	0.70	0	0	0	0	1 978.06	98.98	52.87	46.11	20.43	1.02	1.02	0
廿八都镇	828.31	0.63	0	0	0	0	616.80	74.47	10.95	63.51	211.50	25.53	24.26	1.27
长台镇	1 398.13	0.72	86.59	6.19	6.19	0	1 220.26	87.28	58.12	29.16	91.28	6.53	6.53	0
上余镇	2 661.79	0.72	270.50	10.16	10.16	0	2 218.88	83.36	52.57	30.79	172.41	6.48	6.48	0
凤林镇	3 152.42	0.73	470.28	14.92	14.92	0	2 681.73	85.07	58.22	26.85	0.41	0.01	0.01	0
峡口镇	2 479.42	0.74	459.85	18.55	18.55	0	1 965.77	79.28	51.28	28.00	53.79	2.17	2.17	0
贺村镇	3 598.38	0.76	853.43	23.72	23.72	0	2 744.95	76.28	62.25	14.03	0	0	0	0
大陈乡	484.47	0.72	43.95	9.07	9.07	0	436.88	90.18	55.32	34.86	3.63	0.75	0.75	0
碗窑乡	1 056.99	0.67	11.00	1.04	1.04	0	975.70	92.31	29.20	63.11	70.29	6.65	6.65	0
保安乡	475.73	0.67	0	0	0	0	466.67	98.09	33.70	64.40	9.06	1.91	1.91	0
塘源口乡	968.61	0.63	0	0	0	0	866.01	89.41	3.52	85.89	102.60	10.59	10.59	0
张村乡	656.15	0.62	0.00	0.00	0.00	0.00	395.94	60.34	2.95	57.40	260.21	39.66	39.66	0.00
总计	139 530.99（100.00）	0.72	8 695.14	6.23	6.23	0	126 004.21	90.31	58.77	31.53	4 831.65	3.46	3.46	0.04

三、主要土壤类型地力分级

表3.9至表3.12为衢州市各级耕地的土类、亚类、土属和土种构成情况。衢州市的耕地中，面积最大的土类为水稻土，为97 354.06 hm²，占全部耕地面积的69.77%。其次为红壤，面积为20 737.05 hm²，占全部耕地面积的14.86%。基性岩土的面积最小，只有268.30 hm²，占全部耕地面积的0.19%。其他土类的耕地面积占比为1.50%～5.50%。

一等地主要由水稻土、红壤、紫色土和潮土构成；二等地主要由水稻土、红壤、紫色土和粗骨土构成；三等地主要由水稻土和红壤构成。不同土类上的耕地质量有较大的差异。从平均地力指数来看，除红壤和黄壤相对较低，平均分别为0.69和0.66外，其余平均地力指数均为0.71～0.74。

衢州市的耕地中，面积在15 000 hm²以上的亚类有潴育水稻土、渗育水稻土和黄红壤，面积分别为64 929.78 hm²、17 718.15 hm²和16 929.86 hm²，分别占全部耕地面积的46.53%、12.70%和12.13%。面积在5 000～15 000 hm²的亚类有淹育水稻土、酸性粗骨土和石灰性紫色土，面积分别为13 485.63 hm²、6 197.41 hm²和5 358.10 hm²，分别占全部耕地面积的9.66%、4.44%和3.84%。不同亚类的耕地质量有较大的差异，地力指数为0.66～0.74，多数亚类的地力指数在0.70以上。最高的为灰潮土（0.74），最低的为黄壤、黄红壤和酸性紫色土（分别为0.66、0.69和0.69），剩余亚类的平均地力指数均为0.72。

耕地面积最大的土属为黄泥砂田，占全部耕地面积的15%以上，面积为24 126.76 hm²。泥质田、紫泥砂田、泥砂田、红紫泥砂田、黄泥土、黄红泥土和培泥砂田等7个土属各占耕地总面积的5%～10%。面积分别为11 955.51 hm²、9 954.54 hm²、9 708.53 hm²、9 312.87 hm²、8 692.94 hm²、8 201.57 hm²和8 009.62 hm²。不同土属的耕地质量有较大的差异，地力指数为0.64～0.82。

耕地面积最大的土种为黄大泥田、黄泥砂田和泥砂田，其占全部耕地面积的5%以上，面积分别为10 797.69 hm²、8 999.03 hm²和7 702.28 hm²。培泥砂田、泥质田、砾石黄红泥、黄红砾泥和紫泥砂田等5个土种各占耕地总面积的4%～5%，面积分别为6 860.03 hm²、6 046.95 hm²、5 899.04 hm²、5 765.35 hm²和5 616.28 hm²。不同土种之间的地力指数在0.58～0.82变化。

表3.9　各土类的耕地地力等级构成

土类	面积 (hm²)	占总面积 (%)	平均地力指数	一等地				二等地				三等地			
				面积 (hm²)	一等地占本土类 (%)	一级地占本土类 (%)	二级地占本土类 (%)	面积 (hm²)	二等地占本土类 (%)	三级地占本土类 (%)	四级地占本土类 (%)	面积 (hm²)	三等地占本土类 (%)	五级地占本土类 (%)	六级地占本土类 (%)
红壤	20 737.05	14.86	0.69	763.97	3.68	0	3.68	18 486.59	89.15	45.15	44.00	1 486.49	7.17	7.08	0.09
黄壤	2 345.05	1.68	0.66	92.50	3.94	0	3.94	1 913.47	81.60	19.38	62.21	339.07	14.46	14.25	0.21
紫色土	7 482.30	5.36	0.72	434.03	5.80	0	5.80	6 861.31	91.70	58.27	33.43	186.97	2.50	2.50	0
粗骨土	6 197.41	4.44	0.71	169.88	2.74	0	2.74	5 808.09	93.72	61.69	32.03	219.44	3.54	3.54	0
基性岩土	268.30	0.19	0.72	9.88	3.68	0	3.68	258.41	96.32	61.87	34.45	0	0	0	0
石灰(岩)土	2 521.12	1.81	0.71	196.21	7.78	0	7.78	2 099.19	83.26	56.23	27.03	225.72	8.95	8.95	0
潮土	2 625.70	1.88	0.74	378.97	14.43	0	14.43	2 226.10	84.78	67.57	17.21	20.63	0.79	0.79	0
水稻土	97 354.06	69.77	0.72	6 649.69	6.83	0	6.83	88 351.05	90.75	62.30	28.45	2 353.32	2.42	2.39	0.03
总计	139 530.99	100.00	0.72	8 695.14	6.23	0	6.23	126 004.21	90.31	58.77	31.53	4 831.65	3.46	3.43	0.04

表3.10 衢州市各土壤亚类的耕地地力等级构成

亚类	面积 (hm²)	占总面积 (%)	平均地力指数	一等地			二等地				三等地			
				面积 (hm²)	一等地占本亚类 (%)	一级地占本亚类 (%)	面积 (hm²)	二等地占本亚类 (%)	三级地占本亚类 (%)	四级地占本亚类 (%)	面积 (hm²)	三等地占本亚类 (%)	五级地占本亚类 (%)	六级地占本亚类 (%)
红壤	3 358.06	2.41	0.72	165.85	4.94	0	3 138.50	93.46	63.14	30.32	53.71	1.60	1.60	0
黄红壤	16 929.86	12.13	0.69	590.17	3.49	3.49	14 916.04	88.10	41.15	46.95	1 423.65	8.41	8.30	0.11
红壤性土	449.13	0.32	0.71	7.96	1.77	1.77	432.05	96.20	61.27	34.93	9.12	2.03	2.03	0
黄壤	2 345.05	1.68	0.66	92.50	3.94	3.94	1 913.47	81.60	19.38	62.21	339.07	14.46	14.25	0.21
石灰性紫色土	5 358.10	3.84	0.72	352.25	6.57	6.57	4 927.83	91.97	64.25	27.72	78.02	1.46	1.46	0
酸性紫色土	2 124.21	1.52	0.69	81.78	3.85	3.85	1 933.47	91.02	43.18	47.84	108.95	5.13	5.13	0
黑色石灰土	10.32	0.01	0.70	0	0	0	10.32	100.00	51.42	48.58	0	0	0	0
棕色石灰土	2 510.80	1.80	0.71	196.21	7.81	7.81	2 088.86	83.20	56.25	26.94	225.72	8.99	8.99	0
酸性粗骨土	6 197.41	4.44	0.71	169.88	2.74	2.74	5 808.09	93.72	61.69	32.03	219.44	3.54	3.54	0
基性岩土	268.30	0.19	0.72	9.88	3.68	3.68	258.41	96.32	61.87	34.45	0	0	0	0

（续表）

亚类	面积(hm²)	占总面积(%)	平均地力指数	一等地				二等地				三等地			
				面积(hm²)	一等地占本亚类(%)	一级地占本亚类(%)	二级地占本亚类(%)	面积(hm²)	二等地占本亚类(%)	三级地占本亚类(%)	四级地占本亚类(%)	面积(hm²)	三等地占本亚类(%)	五级地占本亚类(%)	六级地占本亚类(%)
灰潮土	2 625.70	1.88	0.74	378.97	14.43	0	14.43	2 226.10	84.78	67.57	17.21	20.63	0.79	0.79	0
淹育水稻土	13 485.63	9.66	0.71	715.06	5.30	0	5.30	12 314.59	91.32	57.45	33.86	455.98	3.38	3.26	0.12
渗育水稻土	17 718.15	12.70	0.73	1 486.22	8.39	0	8.39	15 770.29	89.01	63.66	25.35	461.65	2.61	2.61	0
潴育水稻土	64 929.78	46.53	0.72	4 332.69	6.67	0	6.67	59 165.36	91.12	63.02	28.10	1 431.73	2.21	2.19	0.01
潜育水稻土	1 220.50	0.87	0.73	115.73	9.48	0	9.48	1 100.81	90.19	57.80	32.39	3.96	0.32	0.32	0
总计	139 530.99	100.00	0.72	8 695.14	6.23	0	6.23	126 004.21	90.31	58.77	31.53	4 831.65	3.46	3.43	0.04

表3.11　衢州市各土属耕地地力等级构成

土属	面积(hm²)	占总面积(%)	平均地力指数	一等地				二等地				三等地			
				面积(hm²)	一等地占本土属(%)	一级地占本土属(%)	二级地占本土属(%)	面积(hm²)	二等地占本土属(%)	三级地占本土属(%)	四级地占本土属(%)	面积(hm²)	三等地占本土属(%)	五级地占本土属(%)	六级地占本土属(%)
黄筋泥	1 621.08	1.16	0.73	88.87	5.48	0	5.48	1 519.04	93.71	66.45	27.25	13.18	0.81	0.81	0

（续表）

土属	面积(hm²)	占总面积(%)	平均地力指数	一等地 面积(hm²)	一等地占本土属(%)	一级地占本土属(%)	二级地占本土属(%)	二等地 面积(hm²)	二等地占本土属(%)	三级地占本土属(%)	四级地占本土属(%)	三等地 面积(hm²)	三等地占本土属(%)	五级地占本土属(%)	六级地占本土属(%)
砂黏质红黏泥	592.63	0.42	0.71	7.65	1.29	0	1.29	581.90	98.19	58.26	39.93	3.09	0.52	0.52	0
红松泥	191.41	0.14	0.69	0	0	0	0	180.05	94.07	57.83	36.24	11.36	5.93	5.93	0
红泥土	299.63	0.21	0.70	12.23	4.08	0	4.08	264.42	88.25	49.58	38.67	22.98	7.67	7.67	0
红粘泥	653.30	0.47	0.73	57.10	8.74	0	8.74	593.10	90.78	67.14	23.64	3.11	0.48	0.48	0
亚黄筋泥	35.35	0.03	0.72	0	0	0	0	35.35	100.00	79.72	20.28	0	0	0	0
黄泥土	8 692.94	6.23	0.68	221.65	2.55	0	2.55	7 705.32	88.64	35.36	53.28	765.97	8.81	8.81	0
黄红泥土	8 201.57	5.88	0.70	368.52	4.49	0	4.49	7 175.37	87.49	47.12	40.37	657.68	8.02	7.80	0.22
红粉泥土	227.56	0.16	0.72	0.37	0.16	0	0.16	220.26	96.79	88.75	8.05	6.92	3.04	3.04	0
油红泥	221.57	0.16	0.69	7.58	3.42	0	3.42	211.79	95.58	33.04	62.54	2.20	0.99	0.99	0
山黄泥土	2 318.52	1.66	0.66	92.50	3.99	0	3.99	1 887.29	81.40	19.60	61.80	338.73	14.61	14.40	0.21
砂黏质山黄泥	26.52	0.02	0.66	0	0	0	0	26.18	98.69	0	98.69	0.35	1.31	1.31	0

（续表）

土属	面积（hm²)	占总面积（%)	平均地力指数	一等地 面积（hm²)	一等地占本土属（%)	一级地占本土属（%)	二级地占本土属（%)	二等地 面积（hm²)	二等地占本土属（%)	三级地占本土属（%)	四级地占本土属（%)	三等地 面积（hm²)	三等地占本土属（%)	五级地占本土属（%)	六级地占本土属（%)
紫砂土	1 583.04	1.13	0.73	73.83	4.66	0	4.66	1 502.55	94.92	71.11	23.81	6.66	0.42	0.42	0
红紫砂土	3 775.06	2.71	0.72	278.42	7.38	0	7.38	3 425.29	90.73	61.38	29.36	71.36	1.89	1.89	0
酸性紫砂土	2 124.21	1.52	0.69	81.78	3.85	0	3.85	1 933.47	91.02	43.18	47.84	108.95	5.13	5.13	0
黑油泥	10.32	0.01	0.70	0	0	0	0	10.32	100.00	51.42	48.58	0	0	0	0
油黄泥	2 489.85	1.78	0.71	196.21	7.88	0	7.88	2 068.15	83.06	56.37	26.69	225.49	9.06	9.06	0
油红黄泥	20.95	0.02	0.69	0	0	0	0	20.71	98.86	42.05	56.81	0.24	1.14	1.14	0
石砂土	1 093.92	0.78	0.71	19.08	1.74	0	1.74	1 046.34	95.65	61.19	34.46	28.49	2.60	2.60	0
白岩砂土	151.65	0.11	0.64	0	0	0	0	104.66	69.02	11.70	57.32	46.98	30.98	30.98	0
片石砂土	1 953.87	1.40	0.72	115.68	5.92	0	5.92	1 820.27	93.16	61.85	31.31	17.92	0.92	0.92	0
红砂土	2 705.29	1.94	0.71	34.18	1.26	0	1.26	2 546.10	94.12	64.58	29.53	125.01	4.62	4.62	0
黄泥骨	292.68	0.21	0.71	0.93	0.32	0	0.32	290.71	99.33	61.57	37.76	1.04	0.36	0.36	0

（续表）

土属	面积 (hm²)	占总面积 (%)	平均地力指数	一等地				二等地				三等地			
				面积 (hm²)	一等地占本土属 (%)	一级地占本土属 (%)	二级地占本土属 (%)	面积 (hm²)	二等地占本土属 (%)	三级地占本土属 (%)	四级地占本土属 (%)	面积 (hm²)	三等地占本土属 (%)	五级地占本土属 (%)	六级地占本土属 (%)
棕泥土	268.30	0.19	0.72	9.88	3.68	0	3.68	258.41	96.32	61.87	34.45	0	0	0	0
洪积泥砂土	28.17	0.02	0.69	0.78	2.77	0	2.77	27.39	97.23	51.48	45.76	0	0	0	0
清水砂	1 075.47	0.77	0.74	134.58	12.51	0	12.51	938.39	87.25	67.74	19.51	2.50	0.23	0.23	0
培泥砂土	1 413.81	1.01	0.74	228.19	16.14	0	16.14	1 167.49	82.58	67.24	15.34	18.13	1.28	1.28	0
泥砂土	108.24	0.08	0.76	15.41	14.24	0	14.24	92.83	85.76	74.24	11.52	0	0	0	0
红砂田	828.23	0.59	0.71	6.04	0.73	0	0.73	800.37	96.64	67.86	28.78	21.82	2.64	2.64	0
黄筋泥田	1 792.59	1.28	0.71	45.30	2.53	0	2.53	1 743.12	97.24	58.32	38.92	4.16	0.23	0.23	0
红泥田	121.96	0.09	0.69	0	0	0	0	121.96	100.00	37.88	62.12	0	0	0	0
黄泥田	5 414.69	3.88	0.69	163.81	3.03	0	3.03	4 895.92	90.42	45.65	44.77	354.96	6.56	6.50	0.06
黄油泥田	1 446.15	1.04	0.73	123.31	8.53	0	8.53	1 274.12	88.10	64.22	23.88	48.73	3.37	2.44	0.93
钙质紫泥田	3 521.95	2.52	0.73	277.41	7.88	0	7.88	3 223.91	91.54	70.89	20.65	20.63	0.59	0.59	0

（续表）

土属	面积(hm²)	占总面积(%)	平均地力指数	一等地 面积(hm²)	一等地占本土属(%)	一级地占本土属(%)	二等地 面积(hm²)	二等地占本土属(%)	三级地占本土属(%)	四级地占本土属(%)	三等地 面积(hm²)	三等地占本土属(%)	五级地占本土属(%)	六级地占本土属(%)
红紫泥田	224.83	0.16	0.72	0	0	0	219.16	97.48	71.64	25.84	5.67	2.52	2.52	0
白泥田	135.23	0.10	0.82	99.19	73.35	73.35	36.04	26.65	26.65	0	0	0	0	0
培泥砂田	8 009.62	5.74	0.73	782.41	9.77	9.77	6 980.47	87.15	64.08	23.07	246.74	3.08	3.08	0
泥砂田	9 708.53	6.96	0.72	703.80	7.25	7.25	8 789.82	90.54	63.31	27.23	214.91	2.21	2.21	0
洪积泥砂田	1 939.42	1.39	0.69	39.50	2.04	2.04	1 821.28	93.91	47.30	46.61	78.64	4.05	4.05	0
黄泥砂田	24 126.76	17.29	0.72	1 590.48	6.59	6.59	21 580.04	89.44	60.65	28.79	956.24	3.96	3.94	0.02
紫泥砂田	9 954.54	7.13	0.72	586.62	5.89	5.89	9 337.69	93.80	66.74	27.06	30.23	0.30	0.30	0
红紫泥砂田	9 312.87	6.67	0.72	428.95	4.61	4.61	8 691.21	93.32	66.43	26.90	192.71	2.07	2.07	0
棕泥砂田	2 313.99	1.66	0.73	209.86	9.07	9.07	2 103.78	90.92	61.97	28.95	0.36	0.02	0.02	0
老黄筋泥田	5 326.69	3.82	0.71	178.95	3.36	3.36	5 010.01	94.05	60.38	33.67	137.73	2.59	2.59	0

（续表）

土属	面积(hm²)	占总面积(%)	平均地力指数	一等地				二等地				三等地			
				面积(hm²)	一等地占本土属(%)	一级地占本土属(%)	二级地占本土属(%)	面积(hm²)	二等地占本土属(%)	三级地占本土属(%)	四级地占本土属(%)	面积(hm²)	三等地占本土属(%)	五级地占本土属(%)	六级地占本土属(%)
泥质田	11 955.51	8.57	0.74	1 298.34	10.86	0	10.86	10 621.35	88.84	65.96	22.88	35.82	0.30	0.27	0.03
烂浸田	674.10	0.48	0.72	42.36	6.28	0	6.28	631.74	93.72	56.86	36.85	0	0	0	0
烂泥田	258.56	0.19	0.73	31.04	12.00	0	12.00	227.52	88.00	58.73	29.27	0	0	0	0
烂青泥田	287.84	0.21	0.74	42.33	14.71	0	14.71	241.55	83.92	59.16	24.76	3.96	1.37	1.37	0
总计	139 530.99	100.00	0.72	8 695.14	6.23	0	6.23	126 004.21	90.31	58.77	31.53	4 831.65	3.46	3.43	0.04

表3.12　衢州市各土种耕地地力等级构成

土种	面积(hm²)	占总面积(%)	平均地力指数	一等地				二等地				三等地			
				面积(hm²)	一等地占本土种(%)	一级地占本土种(%)	二级地占本土种(%)	面积(hm²)	二等地占本土种(%)	三级地占本土种(%)	四级地占本土种(%)	面积(hm²)	三等地占本土种(%)	五级地占本土种(%)	六级地占本土种(%)
黄筋泥	1 566.11	1.12	0.73	88.87	5.67	0	5.67	1 464.07	93.48	65.91	27.57	13.18	0.84	0.84	0
褐斑黄筋泥	54.98	0.04	0.74	0	0	0	0	54.98	100.00	81.90	18.10	0	0	0	0

（续表）

土种	面积(hm²)	占总面积(%)	平均地力指数	一等地 面积(hm²)	一等地占本土种(%)	一级地占本土(%)	二级地占本土(%)	二等地 面积(hm²)	二等地占本土种(%)	三级地占本土(%)	四级地占本土种(%)	三等地 面积(hm²)	三等地占本土(%)	五级地占本土(%)	六级地占本土种(%)
砂黏质红泥	592.63	0.42	0.71	7.65	1.29	0	1.29	581.90	98.19	58.26	39.93	3.09	0.52	0.52	0
红松泥	191.41	0.14	0.69	0	0	0	0	180.05	94.07	57.83	36.24	11.36	5.93	5.93	0
红泥土	101.34	0.07	0.70	4.08	4.03	0	4.03	96.07	94.80	55.04	39.76	1.19	1.17	1.17	0
红泥砂土	188.02	0.13	0.69	8.15	4.34	0	4.34	158.07	84.07	44.39	39.69	21.80	11.59	11.59	0
红砾泥	10.27	0.01	0.75	0	0	0	0	10.27	100.00	90.72	9.28	0	0	0	0
红黏泥	653.30	0.47	0.73	57.10	8.74	0	8.74	593.10	90.78	67.14	23.64	3.11	0.48	0.48	0
亚黄筋泥	35.35	0.03	0.72	0	0	0	0	35.35	100.00	79.72	20.28	0	0	0	0
黄泥土	1 609.22	1.15	0.69	33.02	2.05	0	2.05	1 511.43	93.92	36.93	56.99	64.78	4.03	4.03	0
黄泥砂土	4 950.36	3.55	0.68	91.11	1.84	0	1.84	4 373.29	88.34	31.92	56.43	485.96	9.82	9.82	0
黄砾泥	2 133.35	1.53	0.69	97.52	4.57	0	4.57	1 820.60	85.34	42.18	43.16	215.23	10.09	10.09	0
黄红泥土	2 436.23	1.75	0.71	154.45	6.34	0	6.34	2 129.07	87.39	50.26	37.14	152.70	6.27	6.10	0.16
黄红砾泥	5 765.35	4.13	0.69	214.07	3.71	0	3.71	5 046.29	87.53	45.79	41.73	504.98	8.76	8.51	0.25
红粉泥土	212.60	0.15	0.72	0	0	0	0	205.68	96.74	88.13	8.61	6.92	3.26	3.26	0
紫粉泥土	14.96	0.01	0.77	0.37	2.49	0	2.49	14.59	97.51	97.51	0	0	0	0	0

（续表）

土种	面积(hm²)	占总面积(%)	平均地力指数	一等地				二等地				三等地			
				面积(hm²)	一等地占本土种(%)	一级地占本土种(%)	二级地占本土种(%)	面积(hm²)	二等地占本土种(%)	三级地占本土种(%)	四级地占本土种(%)	面积(hm²)	三等地占本土种(%)	五级地占本土种(%)	六级地占本土种(%)
油红泥	221.57	0.16	0.69	7.58	3.42	0	3.42	211.79	95.58	33.04	62.54	2.20	0.99	0.99	0
山黄泥土	342.83	0.25	0.64	7.34	2.14	0	2.14	240.93	70.28	19.80	50.48	94.56	27.58	26.76	0.82
山黄泥砂土	1 964.16	1.41	0.67	84.40	4.30	0	4.30	1 635.60	83.27	19.48	63.79	244.16	12.43	12.32	0.11
山香灰土	11.53	0.01	0.73	0.77	6.70	0	6.70	10.76	93.30	34.71	58.59	0	0	0	0
砂黏质山黄泥	26.52	0.02	0.66	0	0	0	0	26.18	98.69	0	98.69	0.35	1.31	1.31	0
紫砂土	1 486.85	1.07	0.73	73.83	4.97	0	4.97	1 406.36	94.59	70.63	23.96	6.66	0.45	0.45	0
紫泥土	96.18	0.07	0.73	0	0	0	0	96.18	100.00	78.44	21.56	0	0	0	0
红紫砂土	1 778.93	1.27	0.73	92.05	5.17	0	5.17	1 670.06	93.88	63.83	30.05	16.82	0.95	0.95	0
红紫泥土	1 996.13	1.43	0.72	186.37	9.34	0	9.34	1 755.22	87.93	59.19	28.74	54.54	2.73	2.73	0
酸性紫砂土	1 831.92	1.31	0.69	76.68	4.19	0	4.19	1 646.29	89.87	35.63	54.24	108.95	5.95	5.95	0
酸性紫砾土	292.28	0.21	0.74	5.10	1.75	0	1.75	287.18	98.25	90.55	7.70	0	0	0	0
黑油泥	10.32	0.01	0.70	0	0	0	0	10.32	100.00	51.42	48.58	0	0	0	0

（续表）

土种	面积(hm²)	占总面积(%)	平均地力指数	一等地 面积(hm²)	一等地占本土种(%)	一级地占本土种(%)	二级地占本土种(%)	二等地 面积(hm²)	二等地占本土种(%)	三级地占本土种(%)	四级地占本土种(%)	三等地 面积(hm²)	三等地占本土种(%)	五级地占本土种(%)	六级地占本土种(%)
油黄泥	2 489.85	1.78	0.71	196.21	7.88	0	7.88	2 068.15	83.06	56.37	26.69	225.49	9.06	9.06	0
油红黄泥	20.95	0.02	0.69	0	0	0	0	20.71	98.86	42.05	56.81	0.24	1.14	1.14	0
石砂土	1 093.92	0.78	0.71	19.08	1.74	0	1.74	1 046.34	95.65	61.19	34.46	28.49	2.60	2.60	0
白岩砂土	151.65	0.11	0.64	0	0	0	0	104.66	69.02	11.70	57.32	46.98	30.98	30.98	0
片石砂土	1 953.87	1.40	0.72	115.68	5.92	0	5.92	1 820.27	93.16	61.85	31.31	17.92	0.92	0.92	0
红砂土	2 705.29	1.94	0.71	34.18	1.26	0	1.26	2 546.10	94.12	64.58	29.53	125.01	4.62	4.62	0
黄泥骨	292.68	0.21	0.71	0.93	0.32	0	0.32	290.71	99.33	61.57	37.76	1.04	0.36	0.36	0
棕泥土	268.30	0.19	0.72	9.88	3.68	0	3.68	258.41	96.32	61.87	34.45	0	0	0	0
洪积泥砂土	28.17	0.02	0.69	0.78	2.77	0	2.77	27.39	97.23	51.48	45.76	0	0	0	0
卵石清水砂	155.23	0.11	0.73	2.26	1.46	0	1.46	150.46	96.93	79.59	17.34	2.50	1.61	1.61	0
清水砂	920.25	0.66	0.74	132.32	14.38	0	14.38	787.92	85.62	65.75	19.88	0	0	0	0
塔泥砂土	1 400.05	1.00	0.74	228.19	16.30	0	16.30	1 153.73	82.41	66.92	15.49	18.13	1.29	1.29	0
泥质土	13.76	0.01	0.74	0	0	0	0	13.76	100.00	100.00	0	0	0	0	0

（续表）

土种	面积(hm²)	占总面积(%)	平均地力指数	一等地 面积(hm²)	一等地占本土种(%)	二级地占本土(%)	二等地 面积(hm²)	二等地占本土种(%)	三级地占本土种(%)	四级地占本土(%)	三等地 面积(hm²)	三等地占本土种(%)	五级地占本土种(%)	六级地占本土种(%)
泥砂土	108.24	0.08	0.76	15.41	14.24	0	92.83	85.76	74.24	11.52	0	0	0	0
红砂田	828.23	0.59	0.71	6.04	0.73	0	800.37	96.64	67.86	28.78	21.82	2.64	2.64	0
黄筋泥田	1 792.59	1.28	0.71	45.30	2.53	2.53	1 743.12	97.24	58.32	38.92	4.16	0.23	0.23	0
砂性红泥田	98.97	0.07	0.68	0	0	0	98.97	100.00	33.10	66.90	0	0	0	0
红松泥田	16.64	0.01	0.71	0	0	0	16.64	100.00	64.27	35.73	0	0	0	0
红粘田	6.34	0.00	0.69	0	0	0	6.34	100.00	43.21	56.79	0	0	0	0
山黄泥田	57.13	0.04	0.69	0	0	0	56.30	98.54	41.87	56.68	0.83	1.46	1.46	0
砂性山黄泥田	3.81	0.00	0.63	0	0	0	2.21	58.20	6.92	51.28	1.59	41.80	41.80	0
黄泥田	3 203.15	2.30	0.69	134.70	4.21	4.21	2 781.66	86.84	45.17	41.67	286.79	8.95	8.85	0.10
砂性黄泥田	1 762.14	1.26	0.69	26.95	1.53	1.53	1 669.45	94.74	44.32	50.42	65.75	3.73	3.73	0
焦砾滑黄泥田	107.53	0.08	0.70	2.16	2.01	2.01	105.37	97.99	58.09	39.90	0	0	0	0
白砂田	280.92	0.20	0.71	0	0	0	280.92	100.00	56.03	43.97	0	0	0	0

（续表）

土种	面积(hm²)	占总面积(%)	平均地力指数	一等地 面积(hm²)	一等地占本土种(%)	一级地占本土(%)	二级地占本土(%)	二等地 面积(hm²)	二等地占本土种(%)	三级地占本土(%)	四级地占本土(%)	三等地 面积(hm²)	三等地占本土种(%)	五级地占本土(%)	六级地占本土种(%)
黄油泥田	1 446.15	1.04	0.73	123.31	8.53	0	8.53	1 274.12	88.10	64.22	23.88	48.73	3.37	2.44	0.93
钙质紫砂田	911.57	0.65	0.72	2.79	0.31	0	0.31	901.10	98.85	81.21	17.65	7.68	0.84	0.84	0
钙质紫泥田	2 610.38	1.87	0.74	274.62	10.52	0	10.52	2 322.80	88.98	67.29	21.69	12.95	0.50	0.50	0
红紫砂田	224.83	0.16	0.72	0	0	0	0	219.16	97.48	71.64	25.84	5.67	2.52	2.52	0
白泥田	135.23	0.10	0.82	99.19	73.35	0	73.35	36.04	26.65	26.65	0	0	0	0	0
培泥砂田	6 860.03	4.92	0.73	738.52	10.77	0	10.77	5 880.26	85.72	63.98	21.74	241.25	3.52	3.52	0
砂田	1 149.59	0.82	0.71	43.89	3.82	0	3.82	1 100.22	95.70	64.71	30.99	5.49	0.48	0.48	0
泥砂田	7 702.28	5.52	0.73	654.91	8.50	0	8.50	6 891.51	89.47	63.68	25.80	155.86	2.02	2.02	0
焦砾塥泥砂田	1 912.22	1.37	0.71	48.89	2.56	0	2.56	1 804.40	94.36	60.76	33.60	58.93	3.08	3.08	0
青塥泥砂田	94.04	0.07	0.74	0	0	0	0	93.91	99.87	84.78	15.09	0.12	0.13	0.13	0
洪积泥砂田	1 763.41	1.26	0.69	22.98	1.30	0	1.30	1 672.12	94.82	48.17	46.65	68.32	3.87	3.87	0

（续表）

土种	面积(hm²)	占总面积(%)	平均地力指数	一等地 面积(hm²)	一等地占本土种(%)	二级地占本土(%)	二等地 面积(hm²)	二等地占本土种(%)	三级地占本土(%)	四级地占本土种(%)	三等地 面积(hm²)	三等地占本土(%)	五级地占本土(%)	六级地占本土种(%)
白滃洪积泥砂田	31.27	0.02	0.66	0	0	0	24.11	77.11	26.58	50.53	7.16	22.89	22.89	0
青滃洪积泥砂田	27.90	0.02	0.61	0	0	0	24.74	88.65	0	88.65	3.17	11.35	11.35	0
焦砾滃洪积泥砂田	116.84	0.08	0.73	16.52	14.14	14.14	100.32	85.86	50.87	34.99	0	0	0	0
山黄泥砂田	195.94	0.14	0.62	17.46	8.91	8.91	106.02	54.11	0.17	53.94	72.46	36.98	34.14	2.84
黄泥砂田	8 999.03	6.45	0.71	412.22	4.58	4.58	7 983.95	88.72	52.63	36.09	602.86	6.70	6.70	0.00
焦砾滃黄泥砂田	44.02	0.03	0.71	0	0	0	40.94	93.00	66.79	26.21	3.08	7.00	7.00	0
青心黄泥砂田	8.02	0.01	0.64	0	0	0	6.05	75.42	23.87	51.55	1.97	24.58	24.58	0
黄黝泥田	3 742.86	2.68	0.71	61.68	1.65	1.65	3 572.40	95.45	60.50	34.94	108.78	2.91	2.91	0
黄大泥田	10 797.69	7.74	0.74	1 079.06	9.99	9.99	9 564.81	88.58	68.08	20.50	153.82	1.42	1.42	0.00
青滃黄大泥田	339.18	0.24	0.73	20.05	5.91	5.91	305.88	90.18	73.77	16.42	13.26	3.91	3.91	0

（续表）

土种	面积（hm²）	占总面积（%）	平均地力指数	一等地				二等地				三等地			
				面积（hm²）	一等地占本土种（%）	一级地占本土种（%）	二级地占本土（%）	面积（hm²）	二等地占本土种（%）	三级地占本土种（%）	四级地占本土（%）	面积（hm²）	三等地占本土（%）	五级地占本土（%）	六级地占本土种（%）
紫泥砂田	5 616.28	4.03	0.72	402.32	7.16	0	7.16	5 194.49	92.49	62.34	30.15	19.47	0.35	0.35	0
紫大泥田	4 338.26	3.11	0.73	184.31	4.25	0	4.25	4 143.20	95.50	72.44	23.06	10.75	0.25	0.25	0
红泥砂田	4 696.66	3.37	0.72	53.68	1.14	0	1.14	4 533.20	96.52	72.99	23.53	109.77	2.34	2.34	0
红紫泥砂田	1 954.24	1.40	0.71	66.03	3.38	0	3.38	1 813.17	92.78	61.14	31.64	75.04	3.84	3.84	0
红紫大泥田	2 661.98	1.91	0.73	309.24	11.62	0	11.62	2 344.83	88.09	58.74	29.35	7.90	0.30	0.30	0
棕泥砂田	2 313.99	1.66	0.73	209.86	9.07	0	9.07	2 103.78	90.92	61.97	28.95	0.36	0.02	0.02	0
老黄筋泥田	5 325.38	3.82	0.71	178.95	3.36	0	3.36	5 008.70	94.05	60.39	33.66	137.73	2.59	2.59	0
泥砂头老黄筋泥田	1.31	0.00	0.70	0	0	0	0	1.31	100.00	19.43	80.57	0	0	0	0
泥质田	6 046.95	4.33	0.74	880.24	14.56	0	14.56	5 142.87	85.05	64.09	20.96	23.85	0.39	0.34	0.06
白墡泥质田	570.22	0.41	0.74	42.81	7.51	0	7.51	526.06	92.25	72.63	19.62	1.36	0.24	0.24	0
青墡泥质田	161.42	0.12	0.74	0	0	0	0	161.42	100.00	78.71	21.29	0	0	0	0

（续表）

土种	面积 (hm²)	占总面积 (%)	平均地力指数	一等地 面积 (hm²)	一等地占本土种 (%)	一级地占本土 (%)	二级地占本土 (%)	二等地 面积 (hm²)	二等地占本土种 (%)	三级地占本土种 (%)	四级地占本土种 (%)	三等地 面积 (hm²)	三等地占本土 (%)	五级地占本土种 (%)	六级地占本土种 (%)
红土心泥质田	39.89	0.03	0.76	6.30	15.79	0	15.79	33.59	84.21	84.21	0	0	0	0	0
泥筋田	285.02	0.20	0.76	80.01	28.07	0	28.07	205.00	71.93	63.53	8.40	0	0	0	0
半砂田	888.16	0.64	0.74	28.83	3.25	0	3.25	859.33	96.75	83.78	12.98	0	0	0	0
老培泥砂田	3 963.85	2.84	0.72	260.15	6.56	0	6.56	3 693.08	93.17	63.32	29.85	10.62	0.27	0.27	0
烂浸田	674.10	0.48	0.72	42.36	6.28	0	6.28	631.74	93.72	56.86	36.85	0	0	0	0
烂泥田	258.56	0.19	0.73	31.04	12.00	0	12.00	227.52	88.00	58.73	29.27	0	0	0	0
烂青泥田	287.84	0.21	0.74	42.33	14.71	0	14.71	241.55	83.92	59.16	24.76	3.96	1.37	1.37	1.37
总计	139 530.99	100.00	0.72	8 695.14	6.23	0	6.23	126 004.21	90.31	58.77	31.53	4 831.65	3.46	3.43	0.04
山地乌黄泥砂土	30.47	0.02	0.79	16.34	53.61	0	53.61	14.13	46.39	30.09	16.30	0	0	0	0
山地砾石黄泥土	21.95	0.02	0.78	10.19	46.41	0	46.41	11.76	53.59	53.59	0	0	0	0	0
山地香灰土	12.19	0.01	0.68	0	0	0	0	12.19	100.00	0	100.00	0	0	0	0

（续表）

土种	面积 (hm²)	占总面积 (%)	平均地力指数	一等地 面积 (hm²)	一等地占本土种 (%)	二级地占本土 (%)	二等地 面积 (hm²)	二等地占本土种 (%)	三级地占本土 (%)	四级地占本土种 (%)	三等地 面积 (hm²)	三等地占本土 (%)	五级地占本土 (%)	六级地占本土种 (%)
山地黄泥土	1.74	0.00	0.71	0	0	0	1.74	100.00	100.00	0	0	0	0	0
山地黄泥田	16.52	0.01	0.71	0	0	0	16.52	100.00	58.38	41.62	0	0	0	0
山地黄泥砂土	869.17	0.62	0.71	71.66	8.24	8.24	794.35	91.39	29.96	61.43	3.17	0.37	0.37	0
岩砂土	19.91	0.01	0.73	0	0	0	19.91	100.00	73.42	26.58	0	0	0	0
岩秃	103.63	0.07	0.68	0	0	0	102.07	98.50	30.41	68.08	1.56	1.50	1.50	0
新造黄泥田	21.59	0.02	0.62	0	0	0	9.51	44.04	13.89	30.15	12.08	55.96	55.96	0
油泥田	51.85	0.04	0.72	9.03	17.42	17.42	42.82	82.58	49.99	32.59	0	0	0	0
烂翁田	1.61	0.00	0.66	0	0	0	1.61	100.00	0	100.00	0	0	0	0
烂黄泥田	56.25	0.04	0.74	0	0	0	56.25	100.00	65.76	34.24	0	0	0	0
焦高黄泥砂田	0.12	0.00	0.58	0	0	0	0	0	0	0	0.12	100.00	100.00	0
白泥砂土	16.42	0.01	0.65	0	0	0	16.42	100.00	0	100.00	0	0	0	0

（续表）

土种	面积 (hm²)	占总面积 (%)	平均地力指数	一等地 面积 (hm²)	一等地占本土种 (%)	一级地占本土种 (%)	二级地占本土种 (%)	二等地 面积 (hm²)	二等地占本土种 (%)	三级地占本土种 (%)	四级地占本土种 (%)	三等地 面积 (hm²)	三等地占本土种 (%)	五级地占本土种 (%)	六级地占本土种 (%)
砂土黄泥田	76.53	0.05	0.72	0.53	0.69	0	0.69	74.72	97.63	47.41	50.22	1.28	1.68	1.68	0
砂粘质红土	76.31	0.05	0.70	5.44	7.13	0	7.13	70.87	92.87	33.14	59.73	0	0	0	0
砾砾培泥砂田	13.78	0.01	0.66	0	0	0	0	13.78	100.00	29.46	70.54	0	0	0	0
砾砾泥砂田	255.21	0.18	0.70	24.07	9.43	0	9.43	191.65	75.10	39.79	35.30	39.49	15.47	15.47	0
砾石油黄泥	1 504.10	1.08	0.71	98.52	6.55	0	6.55	1 252.91	83.30	56.01	27.29	152.67	10.15	10.15	0
砾石黄泥砂田	79.37	0.06	0.69	7.18	9.05	0	9.05	72.05	90.78	15.06	75.72	0.14	0.17	0.17	0
砾石黄红泥	5 899.04	4.23	0.69	279.17	4.73	0	4.73	5 022.40	85.14	45.10	40.04	597.47	10.13	9.93	0.20
红粉泥	2.52	0.00	0.60	0	0	0	0	0.28	11.05	11.05	0	2.25	88.95	88.95	0
薄层油黄泥	774.36	0.55	0.73	91.50	11.82	0	11.82	634.90	81.99	60.02	21.97	47.97	6.19	6.19	0

（续表）

土种	面积(hm²)	占总面积(%)	平均地力指数	一等地				二等地				三等地			
				面积(hm²)	一等地占本土种(%)	一级地占本土种(%)	二级地占本土(%)	面积(hm²)	二等地占本土种(%)	三级地占本土种(%)	四级地占本土种(%)	面积(hm²)	三等地占本土种(%)	五级地占本土种(%)	六级地占本土种(%)
谷口泥砂田	108.62	0.08	0.71	0.34	0.31	0	0.31	108.28	99.69	57.01	42.67	0	0	0	0
酸性紫色土	1 505.79	1.08	0.68	105.71	7.02	0	7.02	1 247.00	82.81	35.99	46.82	153.08	10.17	10.17	0
钙质泥质田	9.40	0.01	0.76	0	0	0	0	9.40	100.00	100.00	0	0	0	0	0
钙质烂泥田	8.58	0.01	0.71	0	0	0	0	8.58	100.00	88.36	11.64	0	0	0	0
钙质黄泥砂田	3.27	0.00	0.76	0	0	0	0	3.27	100.00	100.00	0	0	0	0	0
陪泥砂田	502.11	0.36	0.77	126.21	25.14	0	25.14	375.90	74.86	72.47	2.39	0	0	0	0
黄筋田	466.94	0.33	0.70	0	0	0	0	466.94	100.00	67.73	32.27	0	0	0	0
总计	139 530.99	100.00	0.72	8 695.14	6.23	0	6.23	126 004.21	90.31	58.77	31.53	4 831.65	3.46	3.43	0.04

四、不同地貌区耕地地力分级

衢州市地貌类型中耕地分布如表3.13所示。其中以低丘和河谷平原的分布面积最大，面积分别为63 711.33 hm² 和47 483.57 hm²，占耕地总面积的45.66%和34.03%。其次为高丘，面积占衢州市耕地总面积的12.85%。可见，衢州市耕地主要分布在低丘和平原地区，总体上立地条件较为优越。在各类地貌类型中，地力指数以河谷平原大畈最高，平均为0.77；其次是河谷平原和低丘大畈，平均都为0.75；水网平原、低丘和低山地力指数也较高，平均分别为0.74、0.70和0.71。衢州市各地貌类型区的耕地主要属二等地，占比均超过80%，水网平原甚至达到100%，低丘和低山二等地占比例也超过了95%。河谷平原的一等地占比较高，达15%，剩下仅河谷平原大畈和低丘大畈一等地占比超10%，分别为12.59%和11.50%。其中，河谷平原大畈、水网平原及低丘大畈无三等地，河谷平原的三等地占比只有0.08%。

衢州市耕地在不同坡度范围都有分布（表3.14），以坡度≤2°的面积最大、占比最高，分别为57 138.26 hm² 和40.95%；坡度为2°~6°和6°~15°的耕地面积也较大，分别为36 802.93 hm² 和22 158.90 hm²，分别占耕地总面积的26.38%和15.88%，坡度15°~25°的区域仍有较大面积的耕地分布，面积为22 075.23 hm²，占耕地总面积的15.82%。可见，衢州市耕地分布区的坡度较大。地力指数随坡度增加呈现下降趋势，在坡度≤2°的区域地力指数为0.73，但坡度≥6°的区域地力指数为0.70以下。坡度≤2°的区域主要为二等地，其次为一等地，三等地的占比很低；坡度2°~6°的区域主要为二等地，其次为一等地，三等地的占比较低；其他坡度区的耕地主要为二等地，其次为三等地，一等地的占比较低。总体上，一等地集中分布在坡度≤2°区域，随着坡度的增加，三等地的比例有逐渐增加的趋势。

表3.13 衢州市不同地貌类型区耕地地力等级构成

地貌类型	面积 (hm²)	占总面积 (%)	平均地力指数	一等地				二等地				三等地			
				面积 (hm²)	一等地占本地貌 (%)	一级地占本地貌 (%)	二级地占本地貌 (%)	面积 (hm²)	二等地占本地貌 (%)	三级地占本地貌 (%)	四级地占本地貌 (%)	面积 (hm²)	三等地占本地貌 (%)	五级地占本地貌 (%)	六级地占本地貌 (%)
河谷平原	47 483.57	34.03	0.75	7 120.23	15.00	0	15.00	40 323.01	84.92	71.64	13.28	40.33	0.08	0.08	0
河谷平原大畈	96.04	0.07	0.77	12.09	12.59	0	12.59	83.95	87.41	87.41	0	0	0	0	0
水网平原	432.49	0.31	0.74	0	0	0	0	432.49	100.00	95.66	4.34	0	0	0	0
低丘	63 711.33	45.66	0.70	609.33	0.96	0	0.96	60 619.60	95.15	51.92	43.23	2 482.41	3.90	3.86	0.04
低丘大畈	4 178.56	2.99	0.75	480.70	11.50	0	11.50	3 697.86	88.50	81.36	7.13	0	0	0	0
高丘	17 930.47	12.85	0.69	467.83	2.61	0	2.61	15 539.67	86.67	49.03	37.63	1 922.97	10.72	10.59	0.13
低山	1 979.20	1.42	0.71	4.97	0.25	0	0.25	1 909.53	96.48	68.05	28.43	64.70	3.27	3.27	0
中山	3 719.33	2.67	0.67	0	0	0	0	3 398.09	91.36	23.49	67.87	321.24	8.64	8.64	0
总计	139 530.99	100.0	0.72	8 695.14	6.23	0	6.23	126 004.21	90.31	58.77	31.53	4 831.65	3.46	3.43	0.04

表3.14　衢州市不同坡度分区耕地地力等级构成

坡度(°)	面积(hm²)	占总面积(%)	平均地力指数	一等地				二等地				三等地			
				面积(hm²)	一等地占本坡度级(%)	一级地占本坡度级(%)	二级地占本坡度级(%)	面积(hm²)	二等地占本坡度级(%)	三级地占本坡度级(%)	四级地占本坡度级(%)	面积(hm²)	三等地占本坡度级(%)	五级地占本坡度级(%)	六级地占本坡度级(%)
≤2	57 138.26	40.95	0.73	5 399.59	9.45	0	9.45	51 044.03	89.33	66.51	22.83	694.64	1.22	1.20	0.01
2~6	36 802.93	26.38	0.72	2 115.37	5.75	0	5.75	33 600.56	91.30	63.65	27.65	1 087.00	2.95	2.90	0.05
6~15	22 158.90	15.88	0.70	713.81	3.22	0	3.22	20 248.34	91.38	48.72	42.66	1 196.75	5.40	5.36	0.04
15~25	22 075.23	15.82	0.69	428.50	1.94	0	1.94	19 914.41	90.21	41.94	48.27	1 732.32	7.85	7.79	0.06
>25	1 355.66	0.97	0.68	37.86	2.79	0	2.79	1 196.87	88.29	38.75	49.53	120.93	8.92	8.86	0.06
合计	139 530.99	100.00	0.72	8 695.14	6.23	0	6.23	126 004.21	90.31	58.77	31.53	4 831.65	3.46	3.43	0.04

第四节　耕地地力分等评价

一、一等地地力状况及生产管理建议

（一）立地条件

衢州市一等地面积有8 695.14 hm²，占全市耕地面积的6.23%。一等地主要分布在市内的河谷平原、低丘、低丘大畈和高丘，分别占耕地总面积的81.89%、7.01%、5.53%和5.38%，以河谷平原最为集中；一等地在各坡度级中都有分布，主要在2°以下，占比达62.10%，其次为坡度2°～6°、6°～15°、15°～25°，占比分别为24.33%、8.21%和4.93%。土壤类型主要为水稻土，占76.48%；其次为红壤（占8.79%）、紫色土（占4.99%）、潮土（占4.36%）、石灰（岩）土（占2.26%）、粗骨土（占1.95%）、黄壤（占1.06%）和基性岩土（占0.11%）。由于地理位置较为便利，以及近年来耕地地力提升，一等地基础设施较为完善，具有高产、稳产的特点。

一等地在江山市、龙游县和开化县分布较为集中。这些县（市、区）的一等地面积占总一等地面积的86.63%；其中，江山市、龙游县和开化县的一等地面积分别占总一等地面积的47.60%、20.38%和18.65%；其次是衢江区（占6.79%）、常山县（占3.83%）和柯城区（占2.75%）。

（二）理化性状

（1）pH值和容重。根据调查情况，一等地土壤pH值主要由强酸性、酸性、微酸性、中性和微碱性组成，以酸性为主，pH值在≤4.5、4.5～5.5、5.5～6.5、6.5～7.5和7.5～8.5五个级别的比例分别为5.68%、50.10%、31.51%、9.20%和3.52%。一等地耕作层土壤容重为0.9～1.3 g/cm³，其中，容重为0.9～1.1 g/cm³和1.1～1.3 g/cm³的分别占全部一等地的54.79%和33.86%；另有5.87%和5.48%的一等地土壤容重分别>1.3 g/cm³和≤0.9 g/cm³。总体上，一等地的土壤容重较为适宜，通透性佳。

（2）阳离子交换量（CEC）和水溶性盐。根据调查情况，一等地土壤CEC主要在5 cmol/kg以上，CEC分属5～10 cmol/kg、10～15 cmol/kg、

15～20 cmol/kg和20 cmol/kg以上的分别占一等地面积的23.68%、56.95%、17.61%和1.76%，总体上属中等水平。水溶性盐含量全部在2 g/kg以下，其中水溶性盐在1 g/kg以下和1～2 g/kg的一等地分别占79.45%和20.55%。

（3）养分状况。根据调查情况，一等地耕层土壤有机质含量总体属于中高水平，大部分都在20 g/kg以上。其中，有机质含量高于40 g/kg的面积占21.14%，30～40 g/kg的面积占34.44%，20～30 g/kg的面积占34.05%，20 g/kg以下部分占10.37%。一等地耕层土壤全氮在中高水平，主要在1.5 g/kg以上，全氮在1.0～1.5 g/kg、1.5～2.0 g/kg和2.0 g/kg以上的一等地分别占24.46%、29.75%和37.38%，另有少量全氮不足1 g/kg的一等地占8.41%。

一等地耕层土壤有效磷变化较大。对于有效磷在40 mg/kg以上的一等地面积为23.48%；有效磷在10～15 mg/kg、15～20 mg/kg和20～40 mg/kg的一等地面积分别占13.11%、12.13%和22.50%，另有（占28.77%）的一等地有效磷在10 mg/kg以下。总体上，一等地土壤有效磷以中上水平为主，部分土壤有效磷超过了植物的正常需要量，也有一定比例的一等地土壤存在磷素的不足。

一等地耕层土壤速效钾较低，仅有38.16%的一等地土壤速效钾在100 mg/kg以上，另分别有11.74%、27.20%和22.90%面积的一等地土壤速效钾在80～100 mg/kg、50～80 mg/kg和50 mg/kg以下。

（4）质地和耕作层厚度。根据调查情况，一等地耕层土壤质地主要为黏壤土和壤土，它们的面积分别约占一等地的52.45%和29.35%，另有4.89%的壤黏土，占比均为3.13%的粉砂质黏壤土、砂壤土和砂质黏壤土，2.74%的黏土以及余下1.17%的壤砂土和砂质粉壤土。地表砾石度基本上在10%以下。耕作层厚度主要在12 cm以上，12～16 cm、16～20 cm和>20 cm的分别占59.10%、33.66%和4.89%；另有少量（2.35%）的一等地耕作层厚度为8～12 cm。

（三）生产性能及管理建议

一等地是衢州市农业生产中地力最高的耕地，总体上，该类耕地土壤供肥性能和保肥性能较高，灌溉/排水条件良好，宜种性广，土壤肥力水平高，农业生产上以粮食生产为主。调查结果表明，这类耕地的立地条件优越，有机质和全氮水平高，容重和耕作层厚度较为适合作物生长的需要；钾素水平总体偏低，部分土壤还存在有效磷偏低的问题。在管理上应以土壤地力保育管理为主，注意做好秸秆还田，种植绿肥，增施有机肥，以保持较高的土壤有机质水平，增强土壤的保肥性能。同时，重视平衡施肥，改善土壤的缺磷、缺钾现象。对于土壤pH值在5.5以下的耕地，应适当施用石灰，降低土壤酸度。

二、二等地地力状况及生产管理建议

（一）立地条件

衢州市二等地面积有126 004.21 hm²，占全市耕地面积的90.31%，是衢州市面积第一大的耕地地力等级。二等地主要分布在市内低丘、河谷平原和高丘，分别占48.11%、32%和12.33%，低丘大畈、中山和低山分布的二等地分别占二等地总面积的2.93%、2.70%和1.52%，其他地貌区都有零星分布。二等地在各坡度级中都有分布，其中主要以2°以下为主，占比为40.51%，其次为坡度2°~6°、6°~15°、15°~25°，所占比例分别为26.67%、16.07%和15.80%。

土壤类型主要为水稻土，占70.12%；少数为红壤（占14.67%）、紫色土（占5.45%）、粗骨土（占4.61%）、潮土（占1.77%）、石灰（岩）土（占1.67%）、黄壤（占1.52%）和基性岩土（占0.21%）。通过近年来土壤改良和耕地地力提升，二等地基础设施较为完整，具有高产、稳产的特点，但由于受地形、排灌条件和土壤肥力等的限制，其综合地力级别低于一等地。除柯城区外，二等地在其他各县（市、区）都有较多分布。以江山市、龙游县和衢江区的面积最大，分别占二等地总面积的23.44%、22.62%和22.28%；开化县和常山县的分布面积也较大，分别占14.97%和12.16%；柯城区仅有少量分布。

（二）理化性状

（1）pH值和容重。根据调查情况，二等地土壤pH值变化较大，主要为酸性和微酸性，并以酸性为主，pH值在4.5~5.5和5.5~6.5两个级别的比例分别为57.99%和26.89%，另有6.96%的土壤呈较强酸性（pH值低于4.5）和6.10%的土壤呈中性（pH 6.5~7.5），少数二等地土壤（2.04%）呈微碱性（pH 7.5~8.5）。二等地的耕地耕作层土壤容重主要在0.9~1.3 g/cm³，其中，容重在0.9~1.1 g/cm³和1.1~1.3 g/cm³的分别占全部二等地的33.19%和53.09%；另有9.95%和3.77%的二等地土壤容重属于>1.3 g/cm³和≤0.9 g/cm³。总体上，二等地的土壤容重较为适宜，通透性较好。

（2）阳离子交换量和水溶性盐。根据调查情况，二等地耕层土壤CEC主要在5 cmol/kg以上，CEC分属5~10 cmol/kg、10~15 cmol/kg、15~20 cmol/kg

和20 cmol/kg以上的分别占一等地面积的33.27%、55.71%、10.42%和0.53%，总体上属中等水平。水溶性盐分变化较大，但多在2 g/kg以下，其中水溶性盐绝大多数落在1 g/kg以下和1~2 g/kg的二等地面积分别占82.68%和17.27%，另仅有0.05%的二等地水溶性盐在2 g/kg以上。

（3）养分状况。根据调查情况，二等地耕层土壤有机质含量总体属于中高水平，基本上在10 g/kg以上，其中，有机质含量高于40 g/kg的面积占9.20%，含量在30~40 g/kg的面积占26.37%，含量在20~30 g/kg的面积占38.67%，含量在10~20 g/kg的面积占22.49%，另有3.27%的二等地的有机质含量在10 g/kg以下。二等地耕层土壤全氮也主要在中高水平，以在0.5 g/kg以上为主，全氮在0.5~1.0 g/kg、1.0~1.5 g/kg、1.5~2.0 g/kg和2.0 g/kg以上的一等地面积分别占14.02%、29.18%、32.26%和23.15%。总体上，二等地土壤氮素较高，但低于一等地，并存在一定比例的土壤缺氮。

二等地耕层土壤有效磷变化也较大，丰缺较为均衡。对于有效磷在40 mg/kg以上的二等地面积比例达16.89%；有效磷在10~15 mg/kg、15~20 mg/kg和20~40 mg/kg的二等地面积分别占13.80%、8.94%和18.46%，另有较高比例（占41.90%）的二等地有效磷在10 mg/kg以下。总体上，二等地土壤有效磷以中下水平为主，其中土壤有效磷较低级别的比例都高于一等地。

二等地耕层土壤速效钾较低，根据调查情况，仅有22.34%的二等地土壤速效钾含量在100 mg/kg以上，其中，土壤速效钾含量在150 mg/kg以上和100~150 mg/kg的二等地面积分别占7.71%和14.63%，另分别有13.81%、36.59%和27.25%面积的二等地速效钾含量在80~100 mg/kg、50~80 mg/kg和≤50 mg/kg。

（4）质地和耕作层厚度。根据调查情况，二等地耕层土壤质地主要以壤土、黏壤土和黏土为主，根据调查情况，它们的面积分别约占二等地的44.30%、19.09%和15.75%，另分别有9.42%和4.85%的二等地的质地为壤黏土和砂壤土。地表砾石度主要在15%以下，占94.98%；少数（4.76%）为15%~25%。耕作层厚度主要在12 cm以上，占93.73%；少数（6.27%）位于8~12 cm。

（三）生产性能及管理建议

二等地是衢州市农业生产中农业生产能力中处于中等状态的一类耕地，也是衢州市面积最大的一类耕地。该等级的耕地多与一等田呈相间分布，不少地力指标与一等田相似（如有机质、全氮、容重、排水条件等）；二等地土壤保肥性较弱，钾素明显不足，部分土壤有效磷较低。其障碍原因主要有：①基础设施不完善，排灌条件一般；②土壤钾素、磷素有所不足；③土壤酸性较强。目前，这类耕地以种植粮油及经济作物为主。这类耕地在生产上应适当增加钾肥和磷肥的投入，注意土壤酸化改良，同时通过基础设施的建设改善排水条件；重视有机肥的施用。这类耕地在农业生产上应根据农户种植习惯因土指导，需要完善田间设施和修建水利设施，增加农田抗旱能力，重视有机肥、钾肥和磷肥的投入，提高土壤肥力。

三、三等地地力状况及生产管理建议

衢州市三等地面积为4 831.65 hm^2，仅占全市耕地面积的3.46%。衢州市的三等地分布在市内低丘和高丘，分别占三等地总面积的51.38%和39.80%，中山和低山分别占6.65%和1.34%；三等地所在样点各坡度级中也都有分布，其中坡度≤2°、2°~6°、6°~15°、15°~25°的比例分别为14.38%、22.50%、24.77%和35.85%。土壤类型主要为水稻土（48.71%）和红壤（30.77%），少数为黄壤（7.02%）、石灰（岩）土（4.67%）、粗骨土（4.54%）、紫色土（3.87%）和潮土（0.43%）。三等地基础设施相对较差，立地条件一般，灌溉能力低于二等地，但排涝能力与二等地接近。

三等地在全市各县（市、区）都有分布，面积最大的为开化县，占40.44%；其次为江山市、衢江区和龙游县，分别占22.49%、17.69%和12.57%；余下常山县和柯城区的面积则相对较小，分别占三等地的3.72%和3.09%。

（一）理化性状

（1）pH值和容重。根据调查，三等地土壤pH值主要在4.5~5.5，pH值在4.5~5.5、5.5~6.5、6.5~7.5和≤4.5等4个级别的比例分别为63.48%、20.14%、2.05%和14.33%；以酸性土壤为主。三等地的耕地耕作层土壤容重主要在0.9~1.3 g/cm^3，其中，容重为0.9~1.1 g/cm^{3}和1.1~1.3 g/cm^{3}的三等地分别占24.23%和55.63%；另有17.06%和3.07%的三等地容重>1.3 g/cm^{3}和≤0.9 g/cm^3。总体上，三等地耕地的土壤容重适中。

（2）阳离子交换量（CEC）和水溶性盐。根据调查，三等地的耕地土壤CEC主要在5～15 cmol/kg，其间变化差异较大，CEC分属5～10 cmol/kg、10～15 cmol/kg和15～20 cmol/kg的分别占三等地面积的57%、41.30%和1.71%；衢州市的三等地土壤CEC属中下等水平。水溶性盐含量全部在1 g/kg以下和1～2 g/kg的三等地面积分别占59.73%和40.27%。

（3）养分状况。根据调查，三等地耕层土壤有机质含量主要在10～40 g/kg，有机质含量高于40 g/kg的面积仅占5.80%，含量在30～40 g/kg的面积占23.55%，含量在20～30 g/kg的面积占28.33%，含量在10～20 g/kg的面积占34.47%。可见，三等地的土壤有机质含量以中下等水平为主。三等地耕层土壤全氮主要在中等水平，主要在1.0 g/kg以上，全氮含量在0.5～1.0 g/kg、1.0～1.5 g/kg、1.5～2.0 g/kg和2.0 g/kg以上的三等地耕地面积分别占18.77%、29.01%、29.01%和17.41%。

三等地耕层土壤有效磷变异较大。有效磷含量在40 mg/kg以上的三等地面积比例为16.04%，有效磷含量在10～15 mg/kg、15～20 mg/kg和20～40 mg/kg的三等地面积分别占8.87%、7.51%和14.68%，另有较高比例（占52.9%）的三等地有效磷含量在10 mg/kg以下。总体上，三等地土壤有效磷以中下水平为主，有一半以上的土壤存在磷素的明显不足。

三等地耕层土壤速效钾变化较大，仅有10.92%的三等地土壤速效钾含量在100 mg/kg以上，其中，土壤速效钾含量在100～150 mg/kg和>150 mg/kg以上的三等地面积分别占8.53%和2.39%，土壤速效钾含量在80～100 mg/kg的三等地占12.29%，另有76.79%的三等地土壤的速效钾含量在80 mg/kg以下。衢州市三等地土壤中有一半以上存在钾素明显不足。

（4）质地和耕作层厚度。根据调查，三等地耕层土壤质地主要以黏土、壤土和壤砂土为主，它们的面积分别约占二等地的36.52%、33.79%和11.95%，另分别有6.48%、3.75%、3.07%和2.73%的三等地的质地为砂壤土、砂土、壤黏土和黏壤土。地表砾石度主要（占83.28%）在15%以下，另分别有15.70%和1.02%的三等地砾石含量在15%～25%和25%以上。耕作层厚度主要在12～20 cm，其中，耕作层厚度12～16 cm和16～20 cm的三等地分别占60.41%和18.43%，另分别有19.80%和1.37%的耕作层厚度在8～12 cm和>20 cm。

（二）生产性能及管理建议

三等地是衢州市农业生产能力中较差的一类耕地，也是衢州市面积最小的一类耕地。这类耕地主要在丘陵地区，土壤保肥性差，土壤酸化严重，缺钾和缺磷土壤比例较高，土壤有机质水平中下，还存在一定比例的氮素水平中下，基础设施差，部分耕层较薄，易受干旱缺水影响，农作物产量低。这类耕地农业生产上需重视因土种植，以种植旱作和经济作物为主。在改良上，要重视培肥，增加有机肥、氮素、钾素及磷素的投入，提高土壤肥力和保肥、保水能力；并适量施用石灰，改良土壤酸度；有水源的区域应加强水利设施的建设。

第四章

耕地地力监测与培肥改良

第一节　耕地地力监测调查

一、监测点基本情况

耕地土壤地力监测是国务院、省政府有关基本农田保护、肥料管理等法规和行政规章赋予农业部门的职责和任务，是改良土壤、强化耕地质量管理不可或缺的重要手段，是确保粮食生产能力，保障农业可持续发展，促进循环经济和生态农业建设的重要基础。为掌握全市耕地特别是基本农田地力的变化动态和趋势，2008年根据《关于开展耕地土壤地力监测工作的通知》（浙土肥字〔2007〕35号）要求，开展耕地土壤地力监测工作，并根据"一点多能，综合应用，分级管理，以县为主"原则及《浙江省耕地土壤定位监测基点安排表》《浙江省耕地土壤监测实施方案》等工作、技术方案，开展监测基点设置、建设，规范耕地地力监测，为指导农民科学施肥、开展耕地质量建设提供重要依据。

2009年完成17个定位监测点，代表衢州市主要土壤类型和种植制度、构建土壤地力监测网络框架的长期定位监测基点，其中柯城区1个（2008年）、衢江区4个（2008年3个、2009年1个）、龙游县3个（2008年2个、2009年

1个）、江山市6个（2008年4个、2009年2个）、常山县2个（2009年）、开化县2个（2008年）；2010年新增监测点1个（衢江区）；2011年新增监测点2个（柯城区、龙游县各1个）；2018—2019年新增监测点3个（常山县、龙游县、开化县各1个）；2020年柯城区移建2个。到2022年底，全市的监测点数量共有23个，分别是：柯城区2个、衢江区5个、江山市6个、常山县3个、开化县3个、龙游县4个（表4.1）。

　　监测点中有旱地监测点也有水田监测点，监测点的设置充分考虑了各县（市、区）主要耕作制度、土壤类型、生产能力、地力状况、管理水平、技术投入等因素。以全市主栽作物——水稻为主要监测对象，设置16个监测点，其他经济作物（包括柑橘、胡柚、茶叶）共设置7个监测点。衢州市监测点设置覆盖面广，6个县（市、区）都有分布，涵盖了衢州市主要土壤类型和主栽作物，涉及多种种植制度，并兼顾不同地力水平。衢州市典型的监测点现场照片如图4.1至图4.4所示。

表4.1　衢州市耕地地力定位监测点情况

行政区	监测基点编号	详细地址	土壤类型	种植制度	建设年份
柯城区（2个）	330802-J03	中央方村	红橙砂土	柑橘	2020
	330802-J04	莫家村	褐斑黄筋泥	柑橘	2020
衢江区（5个）	330803-J02	杜泽白水村	泥质田	稻	2008
	330803-J03	高家镇段家村	红砂土	柑橘	2008
	330803-J04	后溪镇花塘村	黄筋泥田	稻	2008
	330803-J05	高家镇大田畈村	黄筋泥田	稻-稻	2009
	330803-J06	岭洋乡抱珠垅村	黄泥土	茶叶	2010
江山市（6个）	330881-J01	上余镇大夫第村	黄泥砂田	稻	2008
	330881-J02	大桥镇仕阳村	黄大泥田	稻	2008
	330881-J03	贺村镇山底村	紫泥砂田	稻	2008
	330881-J04	峡口镇王村村	培泥沙田	稻-稻	2009
	330881-J05	凤林镇茅坂村	泥沙田	稻-稻	2009
	330881-J06	长台镇华丰村	泥质田	稻	2008

（续表）

行政区	监测基点编号	详细地址	土壤类型	种植制度	建设年份
常山县 （3个）	330822-J01	球川镇三里江村	水稻土	油菜—水稻	2009
	330822-J02	招贤镇古县畈村	紫色土	胡柚	2009
	330822-J03	金川街道十五里村	黄大泥田	稻-稻	2018
开化县 （3个）	330824-J01	城关镇塔底村	黄红泥	茶叶	2008
	330824-J02	池淮镇联合村	黄泥土	茶叶	2008
	330824-J03	马金镇上龙村	水稻土	水稻—油菜	2018—2019
龙游县 （4个）	330825-J01	横山镇上向徐村	黄塥泥砂田	水稻	2008
	330825-J02	湖镇镇王家村	黄粉泥田	水稻	2008
	330825-J03	湖镇大路村	泥沙田	水稻	2011
	330825-J04	塔石镇泽随村	砂性黄泥田	水稻	2018

图4.1　衢江区双季稻定位监测点（330803-J05）

图4.2　柯城区柑橘监测点（330802-J04）

图4.3　常山县水稻—油菜监测点（330822-J01）

图4.4　开化县水茶叶监测点（330824-J01）

二、监测内容与方法

（一）监测点的设置

（1）监测点选择要求。监测点应尽量选择在基本农田保护区特别是标准农田，或特色优势农产品基地内，并远离城镇建设用地规划预留区。监测点应具有相对固定的位置，避免受非农建设和其他农田调整、改造、开挖等破坏表面耕层活动的影响。监测点一经设定，应保持其相对稳定。

（2）监测点基础设施建设。水田、旱地小区面积33.3～66.7 m²，果树不少于6株。水田监测点小区间需用水泥板隔开，防止肥、水互相渗透。水泥板一般高60～80 cm，厚10 cm，埋深30～50 cm，露出田面30 cm。灌水管可内置在两块水泥板间，水管用Φ8 cm PV管，每小区各有一进水口和一出水口，进水口位置高于出水口，安装阀门。具体如图4.5所示（"一"字形或"田"字形）。

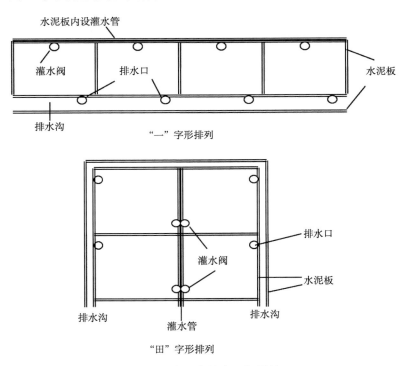

图4.5 水田定位点工程设计

旱地小区以排水沟和水泥板相隔，水泥板厚度5 cm，埋深40 cm，高出畦面10 cm，如图4.6所示。

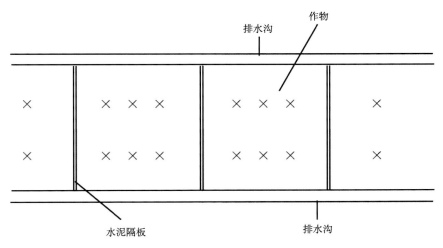

图4.6　旱地定位监测点工程设计

（二）试验处理设置

（1）水田。设4个处理，分别是：①处理1，长期无肥区（空白区），不施用任何化学肥料，也不种植绿肥和秸秆还田等有机肥；②处理2，常规施肥区，施肥量应与当地主要施肥量、施用肥料品种保持一致；③处理3，测土配方施肥纯化肥区，应根据土壤养分情况和作物确定最佳施肥量；④处理4，测土配方施肥化肥+有机肥区，有机肥可根据当地实际情况施用，相对固定，如商品有机肥［3 t/（hm^2·季）］、秸秆还田（上茬作物秸秆50%～75%的量）、农家肥［11.25 t/（hm^2·季）］，确定后5年保持不变。

（2）旱地、园地。设2个处理，分别是：①处理1，常规施肥区；②处理2，测土配方施肥化肥+有机肥区。有机肥22.5 t/（hm^2·年）或11.25 t/（hm^2·季），精制有机肥7.5 t/（hm^2·年）或3.75 t/（hm^2·季）。

（3）重复处理。各处理不设重复，各地根据情况可适当增加其他处理。各处理除施肥不同外，其他措施均必须保持一致，以当地主要种植制度、种植方式为主，耕作、栽培等管理方式、水平应能代表当地水平。

（4）其他。监测区不能施用不合标准的肥料和含有污染元素的废弃物，不能施用可能造成污染的农药，防止土壤环境受到污染。

（三）监测内容

（1）建点时调查和测定内容。①监测点的立地条件和农业生产概况。包括气象调查、监测点基本情况，具体按表4.2填写。②监测点土壤剖面挖掘与记载。于建点前挖掘观测土壤剖面，一般在常规区挖掘，采集剖面样品、拍摄剖面照片（数码），按照表4.3所列项目逐一进行调查与填写。剖面样按发生学层次，由下层至上层分别取样，并和取样标签一起，分别装入样品袋，每个样品的重量为1 kg。

（2）年度监测内容。①田间作业情况。具体项目见表4.4。②作物产量。具体项目见表4.5。③施肥量。具体项目见表4.6。④土壤有机质及养分。具体项目见表4.7。

（3）五年监测内容。pH值、微量元素（包括有效铁、锰、铜、锌、硼和钼）、重金属元素（包括镉、汞、铅、铬、砷）。具体见表4.7。

按照1∶5的要求确定相应的市级耕地土壤动态监测点。动态监测点根据原生态（当地农民实际种植）情况采样测定耕层土壤pH值、有机质、全氮、有效磷、速效钾、缓效钾，各市县根据种植作物情况有选择性地测定中微量元素及土壤环境质量。监测内容参照表4.7。分析测试方法和精度要求见表4.8。

（四）土壤样品的采集与化验

（1）年度检测土样采集。采集耕层混合样，一年度取样和化验一次，时间在本年度最后一季作物收获后（一般为10—11月，园地在果实采摘后的第一次施肥前），立即在监测地块，分小区进行采集。采样方法：每小区按S形取样法取样，每个样品要求有20个以上的取样点。然后将20个点的样本混合在一起，充分混匀后，用四分法缩分至1 kg，随标签（格式见表4.9）一起，装入样品袋。耕层混合样化验项目见表4.7，分析测试方法见表4.8。

（2）五年检测土样采集与化验。每一小区水稻土按耕层和犁底层的实际厚度，旱地按耕层0～20 cm、亚耕层20～50 cm，于本年度最后一季作物收割后（一般10—11月，园地在果实采摘后的第一次施肥前）分层采取土样，构成2个样本。耕层混合样化验项目见表4.7，分析测试方法见表4.8。

（3）化验室的确定。省级定位监测点年度分析所有样品，由县级指定经过计量认证的化验室，按本方案规定的方法，承担化验工作，并报省级备案。每个县的样品必须自始至终由同一个化验室检测，无特殊情况不得更换。各监测点的土样应由各监测承担单位至少保存5年。

（五）监测人员与报告编写

（1）监测人员。一是农民监测员，由监测点所在地的农民担任，要求具有高中以上文化程度、热爱农业科学、诚实可信、认真负责。二是市、县（市、区）级监测人员，由市、县（市、区）土肥部门确定事业心强、工作认真负责的专业技术骨干担任。主要负责对农民监测员的培训、技术指导、工作检查、取样、考种、测产及监测资料的收集、整理、分析、管理、应用，总结报告的编写等。农民监测员、市、县（市、区）级监测人员均应保持相对稳定。

（2）监测报告编写。主要包括土壤监测年度报告内容和长期耕地地力监测报告。

年度监测报告包括：①当年耕地地力现状评估。与上年耕地地力状况比较，如土壤养分（有机质、氮、磷、钾）、施肥量（有机肥和化肥）、作物产量品质的变化等。②合理施肥方案。通过对本区域土壤监测点、肥料试验及有关统计资料的分析，提出区域性的配方施肥方案，合理利用耕地以及保持和提高耕地质量的措施和对策。

长期（五年、十年）耕地地力监测报告包括：①耕地地力变化趋势评估。如施肥量（有机肥和化肥）的变化趋势；氮、磷、钾肥的肥效变化；作物产量变化；几种主要耕作制度对耕地质量的影响；土壤肥力变化规律和发展趋势，尤其是土壤有机质、氮、磷、钾养分的消长情况；改造中低产田的数量、效果和投入；耕地增产潜力分析等。②提出下一步合理利用耕地以及保持和提高耕地质量的规划。

（六）成果与档案管理

（1）成果的应用。土壤监测成果主要为各级党委、政府和农业部门研究制定国民经济发展计划、农业规划和农村政策提供科学依据；为合理利用、保护和提高耕地地力、土壤改良服务；为科学配方、施肥和指导农业生产服务。

（2）档案管理。每个监测点都必须建立严格的档案制度，表4.2至表4.7均为原始档案材料，应严格按照规定如实记载，字迹清楚工整。县（市、区）应确定专人负责，长期保管本区域内每个监测点的有关资料及年度总结。监测人员或档案管理人员调动工作，应及时办好交接手续，防止监测工作的中断和监测资料的遗失。

表4.2 耕地土壤监测基点基本情况调查

监测基点编号： 　　　　　　　　　　　　　建点年度：

基 本 情 况	省名		市名	
	县（市、区）名		乡（镇）名	
	村名		农户名	
	县代码		经度（°′″）	
	纬度（°′″）		常年降水量（mm）	
	常年有效积温（℃）		常年无霜期（d）	
	地形部位		坡度（°）	
	海拔（m）		地下水位（m）	
	障碍因素		地力等级	
	灌水能力		排水能力	
	地域分区		熟制分区	
	典型种植制度		产量水平（kg/hm²）	
	施肥水平 （kg/hm²）	有机肥		
		化肥		
	田块面积（hm²）		代表面积（hm²）	
	土壤代码		成土母质	
	土类		亚类	
	土属		土种	
景观照片拍摄时间：			剖面照片拍摄时间：	

监测单位：

表4.3　耕地土壤监测基点土壤剖面记载与测试结果

监测基点编号：

项目		发生层次				
层次代号						
层次名称						
采样深度（cm）						
剖面描述	颜色					
	结构					
	紧实度					
	容重（g/cm³）					
	植物根系					
	新生体					
机械组成	>2 mm（%）					
	0.02～2 mm（%）					
	0.002～0.02 mm（%）					
	<0.002 mm（%）					
	质地（国际制）					
化学性状	有机质（g/kg）					
	全氮（g/kg）					
	全磷（g/kg）					
	全钾（g/kg）					
	pH值					
	碳酸钙（g/kg）					
	CEC（cmol/kg）					

取样时间：　　　　　　　　　　　　　　化验时间：

监测单位：　　　　　　　　　　　　　　化验单位：

　　注：1. 本表建点时填写；2. 机械组成中D代表土壤颗粒有效直径。

表4.4 耕地土壤监测基点田间生产情况

监测基点编号：　　　　　　　　　　　监测年度：

项目		第一季	第二季	第三季
作物名称				
品种				
播种期				
收获期				
播种方式				
耕作情况				
灌排水及降雨	降水量（mm）			
	灌溉设施			
	灌溉方式			
	灌水量（m²）			
	排水方式			
	排水效果			
自然灾害	种类			
	发生时间			
	危害程度			
病虫害发生	种类			
	发生时间			
	危害程度			
	防治方法			
	防治效果			

监测单位：　　　　　　　　　　　监测人员：

表4.5 耕地土壤监测基点作物产量与养分含量

监测基点编号： 监测年度：

项目			作物		
			第一季	第二季	第三季
作物名称					
作物品种					
生育期（d）					
大田期	开始				
	结束				
作物产量 （kg/hm²）	无肥区	果实			
		茎叶			
	常规区	果实			
		茎叶			
	测土配方施肥纯化肥区	果实			
		茎叶			
	测土配方施肥化肥+有机肥区	果实			
		茎叶			
养分吸收量 （kg/hm²）	常规区	果实	N			
			P₂O₅			
			K₂O			
		茎叶	N			
			P₂O₅			
			K₂O			
	测土配方施肥纯化肥区	果实	N			
			P₂O₅			
			K₂O			
		茎叶	N			
			P₂O₅			
			K₂O			
	测土配方施肥化肥区有机肥区	果实	N			
			P₂O₅			
			K₂O			
		茎叶	N			
			P₂O₅			
			K₂O			

监测单位： 填表日期： 填表人员：

表4.6 浙江省耕地土壤监测基点作物施肥情况记载表

监测基点编号：   监测年度：

项目				第一季	第二季	第三季
作物名称						
作物品种						
施肥量 （kg/hm²）	常规区	化肥	施肥日期			
			品种			
			实物量			
			N			
			P_2O_5			
			K_2O			
		有机肥	施肥日期			
			品种			
			实物量			
			N			
			P_2O_5			
			K_2O			
		其他肥	施肥日期施用量 及养分含量			
	测土配方施肥纯化肥区	化肥	施肥日期			
			品种			
			实物量			
			N			
			P_2O_5			
			K_2O			
		其他肥	施肥日期施用量 及养分含量			

（续表）

项目				第一季	第二季	第三季
施肥量 （kg/hm²）	测土配方施肥化肥+有机肥区	化肥	施肥日期			
			品种			
			实物量			
			N			
			P_2O_5			
			K_2O			
		有机肥	施肥日期			
			品种			
			实物量			
			N			
			P_2O_5			
			K_2O			
		其他肥	施肥日期施用量及养分含量			

监测单位：　　　　　　填表日期：　　　　　　填表人员：

表4.7 浙江省耕地土壤监测基点年度及5年监测内容

监测基点编号： 监测年度：

监测时间： 年 月 日至 年 月 日

作物名称：		作物品种：	
采样地点：		采样时间：	

每年度最后一季作物收获后，立即取耕层土样测定

处理	有机质 （g/kg）	全氮 （g/kg）	有效磷 （mg/kg）	速效钾 （mg/kg）	缓效钾 （mg/kg）
处理1					
处理2					
处理3					
处理4					

建点时测定一次，以后每隔5年测定一次

处理	层次	厚度 （cm）	pH值	有效性微量元素（mg/kg）							土壤环境质量（mg/kg）			
				铁	锰	铜	锌	硼	钼	铬	镉	铅	砷	汞
处理1														
处理2														
处理3														
处理4														

监测单位：（公章） 填表人员：

检验单位： 检验时间：

批准人： 审核人： 编制人：

日 期： 日 期： 日 期：

表4.8　浙江省耕地土壤监测基点分析测试方法

项目	化验方法
机械分析	NY/T 1121.3—2006
容重	NY/T 1121.4—2006
水分	NY/T 52—1987
酸碱度	NY/T 1121.2—2006
有机质	NY/T 1121.6—2006
全氮	NY/T 1121.24—2012
全磷	NY/T 88—1988
有效磷	石灰性土壤有效磷测定方法：NY/T 148—1990 酸性土壤有效磷的测定：NY/T 1121.7—2014
全钾	NY/T 87—1988
缓效钾	NY/T 889—2004
速效钾	NY/T 889—2004
有效铜、锌、铁、锰	土壤有效性锌、锰、铁、铜含量的测定：NY/T 890—2004 土壤8种有效态元素的测定：HJ 804—2016
有效硼	NY/T 1121.8—2006
有效钼	NY/T 1121.9—2023
阳离子交换量	NY/T 1121.5—2006
碳酸钙	NY/T 86—1988
土壤铬	土壤质量 总铬的测定：HJ 491—2009 土壤总铬的测定：NY/T 1121.12—2006
土壤铅、镉	土壤质量铅、镉的测定：GB/T 17141—1997 土壤和沉积物12中金属元素的测定：HJ 803—2016
土壤汞	土壤质量 总汞的测 定GB/T 17136—1997 土壤总汞的测定：NY/T 1121.10—2006
土壤砷	NY/T 1121.11—2006

表4.9　　　土壤样本标签格式

土样标签
样品名称： 土种名称： 取样地点：　　县　　乡　　村 农 户 名： 处　　理： 取样层次： 取样深度： 取样日期：　　年　　月　　日 取 样 人：

注：样品名称指剖面样、耕层、亚耕层混合样。

三、监测数据汇总分析

衢州市耕地质量监测点分水田监测点和旱地监测点，水田主要种植单季稻、双季稻以及稻—油轮作，旱地主要种植柑橘、茶叶和胡柚等经济作物。以2020年度为例，衢州市6个县（市、区）共有23个的监测点，对比建点时的土壤养分基数，分析监测点的土壤养分变化趋势，并结合监测点的施肥处理设置，比较耕地基础地力对作物产量的影响，以及不同肥料投入对土壤主要性状及作物产量的影响，总体情况如下。

（1）土壤整体偏酸。与空白对比，配方施肥有助于提高水田和旱地土壤pH值，但与建点基数相比，旱地施肥处理土壤pH值均减小，目前有酸化趋势。

（2）施肥能够提高水田土壤有机质含量。合理的施肥方法对提高土壤有机质含量效果更好，对于旱地而言，配方施肥比常规施肥效果好。

（3）土壤全氮含量整体处于较高水平。施肥能够提高土壤全氮含量，常山县土壤全氮含量最高，且施肥效果最明显，整体而言，配方施肥+有机肥能够很好提高水田土壤全氮含量，配方施肥提高旱地土壤全氮含量效果更好。

（4）土壤有效磷整体比较丰富。但区域间差异较大，常山县土壤有效磷含量高于其他县（市、区），有可能出现土壤富营养化的风险。

（5）水田土壤速效钾含量整体处于中等水平。旱地大部分处于高水平，区域间差异较大，在衢江区施肥提高土壤速效钾的效果明显，而龙游县表现效果不明显。

（6）各处理作物产量对比。空白处理水稻产量最低，配方施肥+有机肥处理水稻产量最高，结合各施肥处理土壤养分指标变化情况，说明合理的施肥方式可以提高土壤肥力状况，进而提高水稻产量。

（7）水稻种植模式对耕地基础地力贡献率。单季稻平均值最高，其次是双季稻晚稻和水稻–油菜轮作，说明每年种一季水稻，适当休耕，或者合理轮作有利于耕地地力养分蓄积；双季稻早稻耕地基础地力贡献率平均值最低，且变异系数最大，说明双季稻早稻对肥料的依赖性最强，且产量在不同区域差异较大。

（一）耕地质量指标监测结果与分析

（1）土壤pH值监测分析。

①水田土壤pH值。不同施肥方式下水田监测点土壤pH值分布情况见图4.7，总体而言，不施肥的空白监测点土壤pH值平均值最低，其次是常规施肥和配方施肥+有机肥，配方施肥土壤pH值平均值最高，为5.51。不施肥的空白监测点土壤pH值大部分处于4.0～5.5（出现频数为11个），常规施肥监测点土壤pH值大部分处于4.5～5.0和5.5～6.0（出现频数共10个），配方施肥监测点土壤pH值大部分处于5.0～6.0（出现频数共10个），配方施肥+有机肥监测点土壤pH值大部分处于5.5～6.0（出现频数共12个）。监测结果表明配方施肥有助于提高土壤pH值，给水稻生长提供最适宜的土壤酸碱环境。

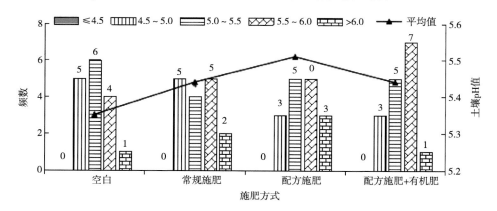

图4.7 水田不同施肥方式下土壤pH值分布情况

②旱地土壤pH值。不同施肥方式下旱地监测点土壤pH值分布情况见图4.8，配方施肥处理的土壤pH值平均值（5.13）大于常规施肥处理的土壤pH值

平均值（4.95），总体而言，相比常规施肥，配方施肥能够提高旱地土壤pH值。但是，柯城区旱地监测点种植柑橘，开化县旱地监测点种植茶叶，这两种木本植物的根系都喜好偏酸性环境，局部区域的施肥处理并未大幅度改变土壤酸碱环境。

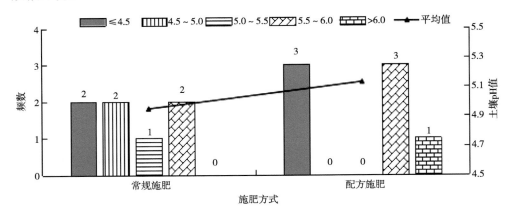

图4.8　旱地不同施肥方式下土壤pH值分布情况

③各县（市、区）不同施肥方式试验下土壤pH值比较。衢州市水田土壤整体偏酸（表4.10），其中开化县水田土壤酸性最强，各施肥处理土壤pH值最小，其中空白处理土壤pH值为4.76，呈强酸性，在浙江省属于4级较低水平；常山县水田土壤酸性最弱，各施肥处理土壤pH值最大，其中常规施肥处理土

表4.10　不同施肥条件下衢州市各县（市、区）水田旱地土壤pH值含量

地区	空白	常规施肥		配方施肥		配方肥+有机肥
	水田	旱地	水田	旱地	水田	水田
衢江区	5.13	5.65	5.47	5.75	5.53	5.47
江山市	5.34		5.25		5.32	5.28
常山县	5.63	5.48	6.12	6.01	5.96	5.67
柯城区	—	4.51	—	4.0	—	—
开化县	4.76	4.44	4.88	4.2	5.44	5.17
龙游县	5.55		5.49		5.59	5.60
衢州市	5.28	5.02	5.44	4.99	5.57	5.44

壤pH值为6.12，呈弱酸性，在浙江省属于2级较高水平。旱地土壤整体偏酸性，柯城区和开化县旱地土壤酸性较强，其中开化县旱地土壤pH值小于4.5，呈极强酸性；衢江区和常山县旱地土壤酸性稍弱。

（2）有机质含量。

①水田土壤有机质含量。不同施肥方式下水田监测点土壤有机质分布含量情况见图4.9，所有的施肥处理土壤有机质含量均值均高于空白处理。水田监测点的土壤有机质含量大部分处于25～35 g/kg范围，但配方施肥+有机肥的处理出现的频数最多（10个），而且有机质大于35 g/kg的监测点（6个）比其他处理多。监测结果表明施肥能够提高水田土壤有机质含量，良好的施肥方法（比如配方施肥+有机肥）对提高土壤有机质含量的效果更明显。

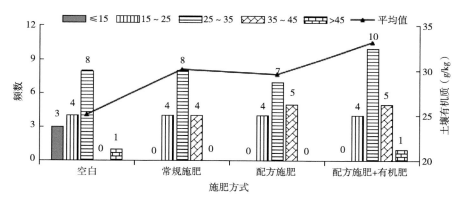

图4.9 水田不同施肥方式下土壤有机质含量分布情况

②旱地土壤有机质含量。不同施肥方式下旱地监测点土壤有机质含量分布情况见图4.10，总体而言，配方施肥处理的土壤有机质含量平均值（24.46 g/kg）

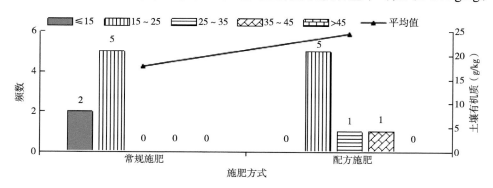

图4.10 旱地不同施肥方式下土壤有机质含量分布情况

高于常规施肥处理（17.67 g/kg），虽然两种施肥处理的土壤有机质含量大多数都处于15～25 g/kg（频数均为5），但是土壤有机质含量高于35 g/kg的配方施肥处理（频数为2）多于常规施肥处理（频数为0）。监测结果表明配方施肥提高土壤有机质含量的效果比常规施肥好。

③各县（市、区）不同施肥方式试验下土壤有机质含量比较。衢州市水田土壤有机质含量整体属于中等水平（表4.11），龙游县水田土壤有机质含量最高，其次是江山市。施肥处理对水田土壤有机质含量的提升作用在衢江区表现最明显，衢江区空白监测点土壤有机质含量仅为9.70 g/kg，配方施肥+有机肥处理监测点土壤有机质含量达到31.43 g/kg，有机质含量提升了2倍多。旱地土壤有机质含量整体处于中等及中等偏下水平，开化县和常山县旱地土壤有机质含量高于柯城区和衢江区。配方施肥处理提升旱地土壤有机质的效果优于常规施肥处理。

表4.11　不同施肥条件下衢州市各县（市、区）水田旱地土壤有机质含量

地区	空白	常规施肥		配方施肥		配方肥+有机肥
	水田	旱地	水田	旱地	水田	水田
衢江区	9.70	15.30	25.93	22.10	27.50	31.43
江山市	30.70		32.62		29.63	34.25
常山县	27.35	24.60	27.99	38.90	30.05	31.80
柯城区	—	13.06	—	20.05	—	—
开化县	19.30	20.60	21.20	23.55	23.40	26.10
龙游县	28.48		32.85		32.38	35.18
衢州市	23.11	18.39	28.12	26.15	28.59	31.75

（3）土壤全氮含量。

①水田土壤全氮含量。不同施肥方式下水田监测点土壤全氮含量分布情况见图4.11，总体而言，相比空白，施肥处理能够提高土壤全氮含量，各监测点土壤全氮含量大多处于1.5～2.5 g/kg，但是配方施肥+有机肥处理全氮含量大于3.5 g/kg的频数最多（频数为2）。检测结果表明配方施肥+有机肥能够更好

提高水田土壤全氮含量。

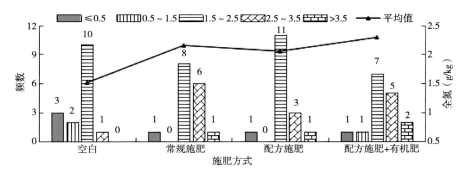

图4.11 水田不同施肥方式下土壤全氮含量分布情况

②旱地土壤全氮含量。不同施肥方式下旱地监测点土壤全氮含量分布情况见图4.12，总体而言，配方施肥处理土壤全氮含量平均值（1.35 g/kg）高于常规施肥处理（1.20 g/kg）。监测结果表明配方施肥提高土壤全氮含量的效果更好。

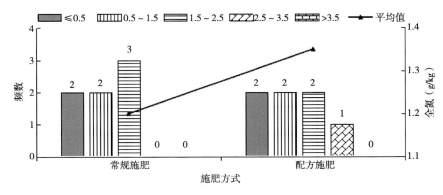

图4.12 旱地不同施肥方式下土壤全氮含量分布情况

③各县（市、区）不同施肥处理土壤全氮含量比较。衢州市水田土壤全氮含量整体处于较高水平（表4.12），开化县水田土壤全氮含量最低（小于0.75 g/kg），处于低水平；常山县水田土壤全氮含量高于其他县（市、区），而且施肥处理提高水田土壤全氮含量的效果在常山县表现最突出，常山县空白处理土壤全氮含量为1.92 g/kg，常规施肥处理土壤全氮含量达到8.17 g/kg（提高了3.26倍），配方施肥处理土壤全氮含量达到10.18 g/kg（提高了4.30倍），配方施肥+有机肥土壤全氮含量达到10.32 g/kg（提高了4.38倍）。旱地土壤全

氮含量在整体处于中等水平，开化县旱地土壤全氮含量最低，常山县旱地土壤全氮含量最高，配方施肥处理提高旱地土壤全氮含量的效果优于常规施肥。

表4.12　不同施肥条件下衢州市各县（市、区）水田旱地土壤全氮含量

地区	空白	常规施肥		配方施肥		配方肥+有机肥
	水田	旱地	水田	旱地	水田	水田
衢江区	0.54	1.55	2.97	1.57	2.53	2.50
江山市	1.95		2.14		2.10	2.62
常山县	1.92	2.26	8.17	2.68	10.18	10.32
柯城区	—	1.38	—	1.65	—	—
开化县	0.13	0.15	0.16	0.16	0.16	0.18
龙游县	1.73		1.97		2.01	2.12
衢州市	1.25	1.34	3.08	1.52	3.40	3.55

（4）土壤有效磷含量。

①水田土壤有效磷含量。不同施肥方式下水田监测点土壤有效磷含量分布情况见图4.13，空白处理土壤有效磷含量大部分低于15 mg/kg（频数为9），常规施肥处理土壤有效磷含量主要处于15～25 mg/kg（频数为6），配方施肥处理土壤有效磷含量主要处于25～35 mg/kg（频数为6），配方施肥+

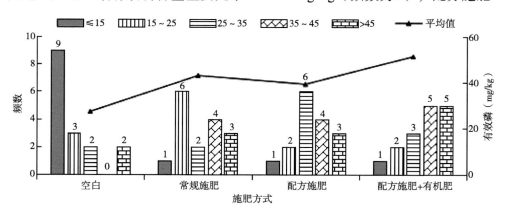

图4.13　水田不同施肥方式下土壤有效磷含量分布情况

有机肥处理土壤有效磷含量大部分大于35 mg/kg（频数为10），配方施肥+有机肥处理土壤有效磷含量平均值（51.21 mg/kg）最高。监测结果表明，相比空白，施肥能够提高土壤有效磷含量，其中配方施肥+有机肥提高土壤有效磷含量效果最好。

②旱地土壤有效磷含量。不同施肥方式下旱地监测点土壤有效磷含量分布情况见图4.14，总体而言，常规施肥和配方施肥均可提高土壤有效磷含量，但是配方施肥处理土壤有效磷平均值（113.20 mg/kg）高于常规施肥处理平均值（97.24 mg/kg），因此配方施肥提高土壤有效磷含量的效果更好。

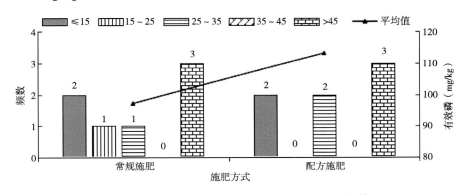

图4.14　旱地不同施肥方式下土壤有效磷含量分布情况

③各县（市、区）不同施肥处理下土壤有效磷比较。衢州市水田土壤有效磷含量整体比较丰富（表4.13），常山县水田土壤有效磷含量高于其他县（市、区）；衢江区和龙游县空白处理土壤有效磷含量虽然处于较低水平，但经各施肥处理的改良，土壤有效磷含量提升至高水平；开化县施肥处理提升水田土壤有效磷含量的效果不明显。旱地土壤有效磷含量整体较高，尤其是柯城区和常山县旱地土壤有效磷含量甚至超过200 mg/kg，土壤极度富营养化，反而不利于作物生长。

（5）土壤速效钾含量。

①水田土壤速效钾含量。不同施肥方式下水田监测点土壤速效钾含量分布情况见图4.15，不同处理下土壤速效钾含量大部分处于40～80 mg/kg范围（空白处理频数为7，常规施肥处理频数为10，配方施肥处理频数8，配方施肥+有机肥处理频数为7），配方施肥+有机肥处理土壤速效钾大于160 mg/kg的频数（频数为3）大于其他处理（空白处理频数为0，常规施肥处理频数

为1，配方施肥处理频数1），而且配方施肥+有机肥处理土壤速效钾含量的平均值（101.11 mg/kg）大于其他施肥处理，因此监测结果表明施肥处理均能提高土壤速效钾含量，但配方施肥+有机肥提高土壤速效钾含量的效果最好。

表4.13 不同施肥条件下衢州市各县（市、区）水田旱地土壤有效磷含量

地区	空白	常规施肥		配方施肥		配方肥+有机肥
	水田	旱地	水田	旱地	水田	水田
衢江区	4.50	29.40	40.23	32.00	36.83	38.33
江山市	18.92		29.43		36.88	45.78
常山县	106.45	223.00	127.20	207.40	68.35	128.25
柯城区	—	189.50	—	250.50	—	—
开化县	22.40	9.95	21.90	10.00	28.40	21.00
龙游县	17.80		27.90		32.38	38.05
衢州市	34.01	112.96	49.33	124.98	40.57	54.28

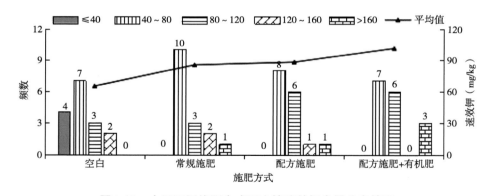

图4.15 水田不同施肥方式下土壤速效钾含量分布情况

②旱地土壤速效钾含量。不同施肥方式下旱地监测点土壤速效钾含量分布情况见图4.16，常规施肥处理土壤速效钾含量主要处于80～120 mg/kg与大于160 mg/kg范围，配方施肥处理土壤速效钾含量均大于80 mg/kg，且配方施肥处理土壤速效钾含量平均值（283.57 mg/kg）大于常规施肥处理（248.71 mg/kg），总体而言配方施肥处理提高土壤速效钾含量效果更好。

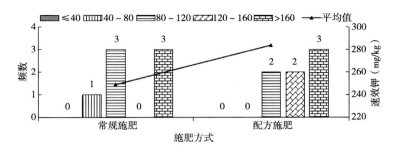

图4.16 旱地不同施肥方式下土壤速效钾含量分布情况

③各县（市、区）不同施肥处理下土壤速效钾含量比较。衢州市水田土壤
速效钾含量整体处于中等水平（表4.14），相比其他县（市、区），常山县、
开化县水田土壤速效钾含量更丰富（处于中等及中等偏高水平），施肥处理提
高水田土壤速效钾的效果在衢江区表现最明显，在龙游县表现不突出。旱地土
壤速效钾含量整体处于高水平，但局部区域还处于中等水平，柯城区旱地土壤
速效钾含量最丰富，开化县旱地土壤速效钾含量较低。

表4.14 不同施肥条件下衢州市各县（市、区）水田旱地土壤速效钾含量

地区	空白	常规施肥		配方施肥		配方肥+有机肥
	水田	旱地	水田	旱地	水田	水田
衢江区	10.63	90.50	77.33	125.00	105.67	116.67
江山市	73.17		84.83		79.83	94.33
常山县	118.50	243.00	134.67	244.00	131.00	147.50
柯城区	—	574.00	—	652.50	—	—
开化县	102.00	84.50	123.00	93.00	115.00	162.00
龙游县	56.13		56.13		57.25	61.18
衢州市	72.09	248.00	95.19	278.63	97.75	116.34

（二）作物产量与耕地基础地力贡献率

衢州市耕地主要作物为水稻，另有油菜、柑橘、茶叶和胡柚等少量种植，
以监测点水稻种植为例，分析水稻监测点产量与耕地基础地力贡献率。

（1）作物产量分析。衢州市水田监测点水稻产量差异较大，4个施肥处理变异系数均处于60%左右（表4.15），据详查，衢江区高家镇大田畈村监测点各处理水稻产量最低，常山县球川镇三里江村监测点各处理水稻产量最高，衢州市区域间水稻产量差异大。总体而言，空白处理水稻产量最低，配方施肥+有机肥处理水稻产量最高，说明合理的施肥方式可以提高水稻产量。

表4.15　水稻监测点不同施肥处理产量对比

施肥处理	最小值（kg）	最大值（kg）	平均值（kg）	标准差	变异系数（%）
空白	5.30	503.84	285.54	172.51	60.42
常规施肥	20.75	785.12	392.56	230.33	58.67
配方施肥	20.70	870.38	394.65	236.38	59.90
配方施肥+有机肥	20.95	920.17	418.69	249.48	59.59

注：双季稻产量取早稻和晚稻产量均值。

（2）耕地基础地力贡献率。耕地基础地力量化指标又称地力贡献率，是指在常规的生产水平下不施肥区的作物产量与常规施肥区的作物产量之比。它是农田土壤养分供给力的一种相对评价方式。土壤地力贡献率低，则表明土壤肥力差，作物对肥料依赖性强，反之亦然。

单季稻的耕地基础地力贡献率平均值最高（表4.16），为69.02%，其次是双季稻晚稻和水稻—油菜轮作，贡献率平均值分别为62.34%、61.06%，说明每年种一季水稻，适当休耕，或者合理轮作有利于耕地地力养分蓄积。双季稻早稻耕地基础地力贡献率平均值最低，仅为41.00%，且变异系数最大，变异系数为74.90%，说明双季稻早稻对肥料的依赖性最强，且产量在不同区域差异较大。

表4.16　水稻监测点耕地基础地力贡献率

种植制度	最小值（%）	最大值（%）	平均值（%）	标准差	变异系数（%）
单季稻	24.51	94.68	69.02	26.41	38.26
双季稻—早稻	23.76	81.82	41.00	30.71	74.90
双季稻—晚稻	27.23	90.23	62.34	29.90	47.96
水稻—油菜	57.95	64.17	61.06	4.40	7.21

（三）不同施肥方式对土壤理化性状的长期影响

（1）不同施肥方式对土壤酸碱度的长期影响。从表4.17可知，水田空白处理的土壤pH值最低（5.28），配方施肥土壤pH值最高（5.53），与建点基数相比，除了空白处理，各施肥处理处理均未导致土壤酸化；旱地配方施肥土壤pH值（4.99）低于常规施肥（5.02），与建点基数相比，两个施肥处理均会引起旱地土壤酸化。

表4.17　不同施肥方式对土壤pH值的影响

施肥方式	水田			旱地		
	建点基数	2020年	+-（%）	建点基数	2020年	+-（%）
空白	5.36	5.28	-0.08（1.49）			
常规施肥	5.34	5.44	0.10（1.87）	5.07	5.02	-0.05（0.99）
配方施肥	5.38	5.53	0.15（2.79）	5.27	4.99	-0.28（5.31）
配方施肥+有机肥	5.37	5.44	0.07（1.30）			

注："+-"表示2020年与建点基数相比升高或降低的数值。下同。

（2）不同施肥方式对土壤有机质的长期影响。从表4.18可知，水田配方施肥+有机肥处理土壤有机质含量（31.75 mg/kg）最高，其次是配方施肥处理（28.59 mg/kg），空白处理土壤有机质含量（23.11 mg/kg）最低，与建点基数相比，施肥处理能提高水田土壤有机质含量，且配方施肥+有机肥的施肥方式提高土壤有机质效果最好，提高比例为5.07%；旱地常规施肥和配方施肥均提高了土壤有机质含量，且配方施肥方式效果更好，提高比例为45.85%。

表4.18　不同施肥方式对土壤有机质的影响

施肥方式	水田			旱地		
	建点基数	2020年	+-（%）	建点基数	2020年	+-（%）
空白	27.97	23.11	-4.86（17.39）			
常规施肥	27.73	28.12	0.39（1.40）	13.84	18.39	4.55（32.88）
配方施肥	30.11	28.59	-1.52（5.04）	17.93	26.15	8.22（45.85）
配方施肥+有机肥	30.22	31.75	1.53（5.07）			

（3）不同施肥方式对土壤全氮的长期影响。从表4.19可知，水田各施肥处理的土壤全氮含量均高于空白处理，说明水田施肥处理均可提高土壤全氮含量，其中配方施肥+有机肥处理提高效果最好，提高比例为88.72%，其次是配方施肥，提高比例为76.88%；旱地施肥处理目前还未起到提高土壤全氮含量的效果。

表4.19　不同施肥方式对土壤全氮的影响

施肥方式	水田			旱地		
	建点基数	2020年	+-（%）	建点基数	2020年	+-（%）
空白	1.77	1.25	-0.52（29.15）			
常规施肥	1.87	3.08	1.21（64.81）	1.45	1.34	-0.12（7.93）
配方施肥	1.92	3.40	1.48（76.88）	1.57	1.52	-0.06（3.50）
配方施肥+有机肥	1.88	3.55	1.67（88.72）			

（4）不同施肥方式对土壤有效磷的长期影响。从表4.20可知，水田施肥处理的土壤有效磷含量均高于空白处理，说明水田施肥处理均可提高土壤有效磷含量，其中配方施肥+有机肥处理提高效果最好，提高比例为93.1%，其次是常规施肥，提高比例为85.8%；旱地施肥处理也能提高土壤有效磷含量，相比配方施肥处理，常规施肥处理提高土壤有效磷含量效果更好。

表4.20　不同施肥方式对土壤有效磷的影响

施肥方式	水田			旱地		
	建点基数	2020年	+-（%）	建点基数	2020年	+-（%）
空白	23.74	34.01	10.27（43.3）			
常规施肥	26.55	49.33	22.78（85.8）	68.04	112.96	44.92（66.2）
配方施肥	26.48	40.568	14.09（53.2）	86.70	124.98	38.28（44.1）
配方施肥+有机肥	28.11	54.282	26.17（93.1）			

（5）不同施肥方式对土壤速效钾的长期影响。从表4.21可知，水田施肥

处理的土壤速效钾含量均高于空白，说明水田施肥处理均可提高土壤速效钾含量，其中配方施肥+有机肥处理提高效果最好，提高比例为64.3%，其次是配方施肥，提高比例为49.5%；旱地施肥处理也能提高土壤有效磷含量，相比常规施肥处理，配方施肥处理提高土壤有效磷含量效果更好。

表4.21　不同施肥方式对土壤速效钾的影响

施肥方式	水田			旱地		
	建点基数	2020年	+-（%）	建点基数	2020年	+-（%）
空白	63.00	72.09	9.09（14.4）			
常规施肥	65.68	95.19	29.51（44.9）	216.29	248.00	31.71（14.7）
配方施肥	65.38	97.75	32.37（49.5）	195.57	278.63	83.06（42.5）
配方施肥+有机肥	70.81	116.34	45.53（64.3）			

第二节　耕地培肥改良

耕地地力是土地能够生长植物的能力。而土壤肥力是土壤从营养条件和环境条件方面，供应和协调植物生长的能力。生长发育所必需的水分、养分、空气和热能的能力。因此，培育和提高土壤肥力，保持土壤养分平衡是提高和维持地力的基础。衢州市耕地土壤肥力状况，受地形、地质、水分和人为耕作、施肥的影响，各地存在一定的差异，土壤改良与培肥需因地施策。

一、耕地地力问题

衢州市耕地主要分布在河谷平原区、低丘（含低丘大畈）以及少量丘陵山地区。河谷平原区耕地地力总体水平为二等及以上，灌排条件良好，农业生产上以水稻等粮食作物为主。但仍存在部分耕地存在土壤养分不平衡和土壤酸化（pH值在5.5以下）等问题，尤其是部分耕地速效钾、有效磷含量水平总体偏低；低丘及低丘大畈与河谷平原区类似，85%以上为二等地，地力等级总体较高，也存在着部分耕地存在速效钾、有效磷含量水平偏低和土壤酸化等问题；

丘陵山地区耕地存在更多的三等地，耕地地力与其他两种情形相比偏差一些，特别是土壤养分不平衡性和土壤酸化更为明显。

二、培肥改良途径

（一）土壤有机质提升

（1）种植绿肥。有针对性地发展种植冬季绿肥、夏季绿肥，稳定和提高绿肥种植面积。冬季绿肥主要以紫云英为主，适当兼顾黑麦草、蚕豌豆、大荚箭筈豌豆等菜肥兼用、饲肥兼用、粮肥兼用的经济绿肥。扩大种植如印尼绿豆、赤豆等夏季绿肥，逐步建立粮-肥（经、饲）种植模式，或果园套种模式。

（2）农作物秸秆还田。秸秆还田是当今世界普遍重视的一项培肥地力的增产措施，同时也是重要的固碳措施。随着经济的发展和城乡居民生活水平的提高，曾经是燃料的农作物秸秆成了多余之物，有些农民由于怕麻烦，不愿将它还田，直接在田里焚烧，既浪费资源又影响环境。农作物秸秆含有作物生长所必需的全部16种元素，作物秸秆还是土壤微生物重要的能量物质，所以大力推广秸秆还田技术，不仅能增加土壤养分还能促进土壤微生物活动，改善土壤理化性状，推广农作物秸秆还田是增加土壤有机质含量，提高土壤地力的有效措施。

（3）推广商品有机肥。衢州市当前生产的商品有机肥主要是以规模畜禽养殖场的粪便为原料。目前全市具有一定规模的有机肥生产企业24家，年可生产商品有机肥多于20×10^4 t。同时在畜禽养殖小区开展粪便初制发酵还田试点，既能增加农田有机肥投入，又能减轻畜禽养殖所带来的环境污染问题。也鼓励群众施用农家肥、土杂肥。有机肥施用可以保持土壤pH值稳定，减缓土壤的酸化进程，增加土壤中>0.25 mm的水稳性团聚体的数量，提高土壤碱解氮、有效磷和速效钾含量，改善根际环境，增强土壤保肥供肥能力。有机肥的施用可增强土壤的保水性和固氮能力，有利于水肥的耦合；增加土壤有机碳、非水稳性团体、水稳性团聚体的含量，有效地提高土壤团聚体的稳定性，改良土壤结构。土壤颗粒有机物是土壤有机质的重要组成部分，而后者对增强土壤中土粒的团聚性、促进团粒结构的形成、调节土壤通气性，以及提高土壤肥力和生产力具有不可替代的作用。一般来说，有机质提升区域每年应投入有机肥料15 t/hm²以上；有机质保持区每年有机肥料投入量在11.25 t/hm²以上。

（4）合理轮作和用养结合。近年来，某些地区农作物复种指数越来越高，致使许多土壤有机质含量降低，肥力下降。实行合理轮作（间作）制度、控制水土流失、调整种植结构，做到用地与养地相结合，可以保持和提高土壤有机质含量，对促进农业可持续发展具有重要的意义。

（二）养分平衡施肥

近三十年来，衢州市测土配方施肥、有机肥推广数量和覆盖面有了新的突破，取得了显著的社会效益和经济效益。其中核心的测土配方技术是实现农田养分平衡的关键。测土配方施肥是以土壤测试和肥料田间试验为基础，根据作物需肥规律、土壤供肥性能和肥料效应，在合理施用有机肥料的基础上，提出氮、磷、钾及中、微量元素等肥料的施用量、施肥时期和施用方法。同时在施肥推荐方案制订时，应同时考虑水稻等农作物的需肥特点与土壤中氮、磷、钾的水平。使施肥量既要考虑作物需肥量，又能满足土壤培肥的要求。从衢州市近几年的推广结果来看，测土配方施肥技术能有效地调节和解决作物需肥与土壤供肥之间的不平衡问题，从而实现农田土壤养分平衡和可持续发展的目的。

通过科学测土配方施肥技术的推广，达到氮磷钾用量合理、比例平衡，中微量元素配套。尤其注重配方肥的使用以达到土壤养分的合理平衡。如对于土壤有效磷和速效钾含量，土壤有效磷在40 mg/kg以上的耕地，应严格控制磷肥的用量、减少或不施用磷肥；对于土壤有效磷在15 mg/kg以下的耕地，应在现有配方施肥的基础上，增加磷肥的用量，以增加土壤有效磷的积累，目标是使土壤有效磷含量保持在20～30 mg/kg；对于土壤速效钾在200 mg/kg以上的耕地，应严格控制钾肥的施用，目标是平原地区速效钾含量保持在150 mg/kg以上，丘陵地区则提升到100～150 mg/kg。对于部分酸化的耕地土壤，可适当施用石灰调节土壤pH值，土壤pH值争取调整到6.5～7.5。

（三）酸化土壤酸化改良与修复

土壤过酸、过碱、盐分过多、结构不良都会影响土壤中微生物的活动，从而影响耕地地力。因此，在开展耕地地力培肥提升时，也应同时做好土壤改良工作，尤其是针对黄红壤较多、土壤酸化较为普遍的衢州地区来说，酸化土壤改良尤为迫切。可以实施的改良措施有以下几个方面。

（1）科学施肥与水分管理。铵态氮肥的施用是加速土壤酸化的重要原因，这是因为施入土壤中的铵离子通过硝化反应释放出氢离子。因此，对外源酸缓冲能力弱的土壤，应尽量合理施用氮肥（避免过量），并可选用对土壤酸化作用弱的铵态氮肥品种或施用硝态氮。在施肥管理环节，应通过秸秆还田、增施有机肥、改良土壤结构来提高土壤缓冲能力；通过改进施肥结构，防止因营养元素平衡失调等增加土壤的酸化。另外，降水、灌溉径流的淋失是加剧土壤酸化的重要原因，因此，通过合理的水分管理，控制灌溉强度，以尽量减少NO_3^-的淋失，在一定程度上减缓土壤酸化。

（2）秸秆还田和施用有机肥。作物的秸秆还田不但能改善土壤环境，而且还能减少碱性物质的流失，对减缓土壤酸化是有益的。植物在生长过程中，其体内会积累有机阴离子（碱）。当植物产品从土壤上被移走时，这些碱性物质也随之移走。在酸性土壤上多施优质有机肥或生物有机肥，可在一定程度上改良土壤的理化性质，提高土壤生产力，还能减缓土壤酸化。但需要注意的是，大量施用未发酵好的有机肥可能也会导致土壤的酸化，因为后者在分解过程中也可产生有机酸。

（3）酸化耕地土壤的修复。酸性土壤改良的效果与改良剂的性质和土壤本身的性质有关。目前改良剂的选择已经从传统的碱性矿物质（如石灰、石膏、磷矿粉等）转变为选择廉价、易得的碱性工业副产品和有机物料等。大量的试验与生产实践表明，对酸化耕地土壤的治理应采取综合措施，不能仅传统施用石灰或石灰石粉，应该在施用石灰改良剂降低土壤酸度的同时增施有机肥和生物肥，提高土壤有机质含量，改善土壤结构，增加土壤缓冲能力，才有更好的酸化改良效果。另外，开展土壤障碍因子诊断和矫治技术研究，通过生物修复、化学修复、物理修复等技术，筛选环境友好型土壤改良剂，推行土壤酸化的综合防控。

（四）土壤物理障碍改良

耕地土壤中常见的土壤物理障碍主要是土壤质地不良、结构性差、紧实板结和耕作层浅薄等。土壤结构性差首先取决于土壤质地，土壤质地影响土壤团聚体颗粒结构，黏重的土壤团聚体颗粒组成结构较差。同时，不合理的施肥也会导致土壤结构恶化，特别是长期大量施用单一的化学肥料时，土壤物理性质常常很差。此外，单一的栽培种植制度也可能引起土壤物理性质恶化，主要原因包括有机物质输入减少，离子平衡破坏等，从而影响团粒结构体的形成。可以采用以下配套措施进行土壤耕层质地和厚度改良。

（1）耕层质地过砂（过黏）。耕地中因耕层过沙或过黏，土壤剖面夹砂或夹黏较为常见，可以采用的改良措施包括：①掺沙掺黏，客土调剂。如果在砂土附近有黏土、河泥，可采用搬黏掺砂的办法；黏土附近有砂土、河沙可采取搬砂压淤的办法，逐年客土改良，使之达到较为理想的状态。②翻淤压砂或翻砂压淤。如果夹砂或夹黏层不是很深，可以采用深翻或"大揭盖"的方法，将砂土层或黏土层翻至表层，经耕、耙使上下土层砂黏掺混，改变其土壤质地。③增施有机肥。有机肥施入土壤中形成腐殖质，可增加砂土的黏结性和团聚性，降低黏土的黏结性，促进土壤团粒结构体的形成，能改善土壤的物理结构，增强其保水、保肥能力。④轮作绿肥。通过种植绿肥植物，特别是豆科绿肥，能促进土壤团粒结构的形成，改善土壤通透性。在新垦耕地土壤上种植豆科作物，是土壤改良耕层的重要措施。

（2）耕层质地过薄。耕层是作物生长的第一环境，是生长所需养分、水分的仓库，是支撑作物的主要力量。耕层厚度是衡量土壤地力的极重要指标之一。据调查，衢州市耕地耕作层厚度平均为16.7 cm，主要位于12～20 cm，超过60%以上的耕地耕作层厚度在16 cm以下，与高产粮田所要求的20 cm以上有较大的差距。主要改良途径如下。

①客土回填。一是异地客土法，即将其他地方不用的优质耕层土壤移到土层瘠薄的田块，以便重新利用。近年来，衢州市有一定数量的优质耕地被征用，大量的优质土壤也随之被埋入地下，这是一种极大的浪费，因此，要尽力利用被用于非农建设的优质表土资源。二是淤泥法，即抽取河道的淤泥用作耕层土壤，这种方法不仅增加了耕层厚度，而且疏通了河道，提高了排灌能力，还增加了土壤的有机质和养分含量，一举多得。

②深耕。应掌握在适宜的深度，随土壤特性、作物根系分布规律及养分状况来确定，一般以打破部分犁底层为宜（水田不应打破全部犁底层），厚度一般为25～30 cm。深耕要在土壤的适耕期内进行，周期一般是每隔2～3年深耕一次。深耕同时应配施有机肥，加速土壤肥力的恢复。如果前作是麦类作物或早稻，收获时可先用收割机将秸秆粉碎机耕还田。前作是绿肥的可使用秸秆还田机将绿肥打碎机耕还田。

第五章

耕地地力提升改良实践

第一节　新增耕地地力提升培肥实践

一、新增耕地培肥改良举措

新增耕地地力培肥改良需要针对新增耕地项目区土壤肥力现状，以采取种植绿肥、稻秆全量还田、施用有机肥提高土壤有机质；以科学配方、精准施肥提高土壤磷钾含量；以翻耕作业提高耕层厚度；以适当施用石灰等调节土壤酸碱度等措施，提升项目区耕地地力。以采取每年一季水稻轮作紫云英绿肥的种植方式进行种植。项目区耕地地力提升及种植服务项目包括地力提升实施、种植、养护等。主要举措如下。

（一）地力提升

（1）增加土壤有机质。具体实践中主要通过在水稻田、园地中开展紫云英、蚕豆等绿肥种植（套种），将新鲜植物体原地或异地直接翻压或者经过堆沤发酵来提高土壤有机质含量；同时实施水稻、油菜等轮作、秸秆还田，机械翻埋；在秸秆还田时适量施入尿素，达到降低碳氮比，加速秸秆腐解的目的以满足作物苗期生长需要。此外，通过施用商品有机肥，或积造施用农家肥以及施用经过堆沤发酵后的畜禽粪便等措施，综合达到增加土壤有机质的目的。

典型案例1：　"有机肥+绿肥+秸秆还田+配方肥+石灰" 地力提升工程模式

衢江区碧岭丹地家庭农场主王清渭，2008年前从周家乡流转承包了近13.33 hm²的低丘缓坡开发的新增耕地，通过5年新垦耕地质量提升的实施，形成了"有机肥+绿肥+秸秆还田+配方肥+石灰"地力提升工程模式，成功地种植红心猕猴桃、葡萄柚等经济作物，昔日荒山变成一片茂盛的精品果园。

当时承包下来的荒山，地力贫瘠，有机质含量极低，保湿性差，综合生产能力极低。为了改善土质，采取了以下的培肥措施，使耕地的地力显著提升，有机质由2.3 g/kg提高到16.7 g/kg，pH值由5.4提升到6.5。一是大量施用有机肥，土壤有机质含量显著提高。与市美丽健奶牛场签订了长期合同，大量施用牛粪，将牛粪和塘泥混合深埋在定植沟中，用于改善土壤，同时也施用商品有机肥和饼肥，使砾石裸露的新垦低丘红壤有了适宜种植的耕作的土壤，经采样检测，土壤有机质含量明显提高。二是套种冬种绿肥——箭筈豌豆。不仅增加土壤有机质含量，还明显增加氮的含量，改善了土壤结构，也使土壤不易板结。经采样检测，土壤全氮量从0.07%平均提高到0.20%。三是实施秸秆还田。每公顷地施用3 t稻草还田，既增加有机质，又提高速效钾含量，还能对土壤起到保湿、松土作用。四是施用测土配方复混肥，土壤有效磷，速效钾含量明显提高。五是施用石灰改良土壤酸度。施用石灰达到降低土壤酸度的目的，改善了土壤结构。

通过耕地培肥，耕地质量得到显著提高，为碧岭丹地家庭农场精品果园打下扎实的基础。目前，引进种植的5.33 hm²红阳猕猴桃、红花猕猴桃等品种果园已投产，2013年以来，每年纯收入都达到30多万元。还引进种植鸡尾葡萄柚、早熟椪柑和糖橙等品种。昔日荒山变精品果园，既提升了耕地的地力，也促进生态循环农业发展，又引领农民致富。

开发前的荒山

开发中的耕地

开发后经培肥的果园

开发后经培肥的果园

（2）提高土壤氮磷钾含量。氮、磷、钾是植物需要的大量元素，根据项目区不同区块土壤氮、磷、钾含量情况，进行测土施肥、科学施肥、精准施肥。根据项目区土壤养分状况，肥料种类及当地农作物需肥规律，确定合理的施肥量或施肥方式。在水稻生产中使用配方肥或缓控（释）肥或有机无机复混肥，水稻种植基肥计划每公顷用量675~750 kg。具体在土壤氮磷钾的提升中，氮、磷、钾肥的用量应根据水稻品种、目标产量、土壤氮磷钾提升水平等来确定。化肥作基肥施用要深施并与有机肥混合，作追肥施用要"少量多次"，并避免长期施用同一种化肥，且要控制化肥用量和次数，以防止土壤板结。

典型案例2：新垦造水田生地绿肥熟化

国家绿肥产业技术体系生地绿肥熟化技术岗位红壤水田生地绿肥熟化技

术试验示范基地位于浙江省衢州市衢江区全旺镇马蹊村（东经119°03′11″，北纬28°55′48″）。基地地处金衢盆地，是浙江省典型的红壤分布区。该基地原为紫色砂岩为主的低丘山地，2016年实施垦造水田项目，2017年8月完工，新垦造水田总面积20 hm²以上。基地水田表层耕作土全部是未经培肥熟化的生土。2017年9月浙江省农业科学院依托国家绿肥产业技术体系生地绿肥熟化技术岗位在此开展水田生地绿肥熟化技术研发工作。目前基地拥有核心试验区2 hm²，技术示范区20 hm²，已开展各类技术试验12项，通过2年水田生地熟化技术试验，部分试验田块土壤有机质含量从试验前的2.51 g/kg提升到25 g/kg以上，土壤氮、磷有效养分含量也显著提升，水稻产量从试验前的不足750 kg/hm²提升到6 750 kg/hm²以上，达到中等肥力水田的水稻生产能力，水田生地熟化程度显著提高。

生地熟化试验种植绿肥前（上图）、后（下图）水田景观

（3）提高耕层厚度。通过3年项目实施，使耕层厚度有所提高。深厚的活土层会给作物创造良好的生长环境，采取清除大小砾石，增施塘泥、表土，以深耕为中心的耕作措施，加速生土熟化，加厚土壤耕作层，增加土壤中的孔隙

度，增强透水性、通气性，促进有益微生物的活动和养分的释放。结合水稻稻秆和紫云英全量还田，进行机械翻耕，以提高耕层厚度。

（4）调节土壤酸碱度。调节土壤pH值是提升农田土壤质量不可缺少的一个重要环节。施用石灰（或石膏）不仅可以调节土壤酸碱度，还可以补充钙、镁、硫等营养元素，改善土壤结构，提高土壤的生物活性和养分循环能力，从而改善根系生长环境，促进根系生长和吸收，提高作物产量和品质。酸性土壤每年每公顷施用石灰750 kg。

（二）种植培肥

采取每年一季水稻轮作紫云英绿肥的种植方式进行种植。水稻每年种植一季，目标产量：第一年3 750 kg/hm²，第二年4 500 kg/hm²，第三年5 250 kg/hm²；紫云英鲜草目标产量18 000～22 500 kg/hm²。水稻品种为当地习惯种植的优良品种，紫云英品种为宁波大桥种。播种方式都为直播，并做好肥水管理和病虫防治管理，确保水稻和紫云英种植3年目标产量任务完成或超额完成。水稻8月上旬完成机械收割，稻秆全量还田，9月上中旬对收割后稻秆全量还田的水稻田进行翻耕，种植紫云英绿肥。4月上中旬将紫云英盛花期全量还田翻耕后种植水稻。

（三）后续养护

（1）基础设施养护。包括项目区蓄水、引水、输水、排水等灌排系统设施；输、变电等电力设施；其他农田防护设施养护好，并安排专人负责。

（2）耕地质量养护。施用有机肥、配方肥、缓控（释）肥，种植绿肥，尽量减少化肥使用量，不施用对项目区土壤有污染物品，保护好耕地质量。做到用地养地护地相结合，以提高耕地地力、增加水稻产量、肥药减量增效，推进柯城区农业绿色高质量发展。

典型案例3：贫瘠水田地力快速提升示范

综合运用新垦贫瘠水田有机质一次性快速稳定提升技术、土壤pH值矫治技术、绿肥—水稻轮作熟化生地技术以及水稻新品种引进与高产栽培技术，综合施策：采用商品有机肥与腐植酸肥料合理配施，一次性快速增加贫瘠水田耕层土壤有机物质总量并保持有机物质较稳定的矿化与腐殖化过程，达到快速稳定提升土壤有机质水平的目的；通过施用土壤调理剂和pH值调节剂，使贫瘠水田土壤pH值稳定保持在较中性的范围内；采用绿肥与水稻轮作模式，首先通过绿肥种植和鲜草还田，快速改变贫瘠水田生地土壤微生物群落数量和结构使其适合水稻生长，然后通过种植水稻和稻草还田，提高土壤自身有机物积累能力，并通过有机物的矿化和腐殖化过程，构建土壤—植物的良性氮、碳循环体系，提高生土熟化水平；通过水稻新品种引种试验，并采用无机养分合理配施技术促进水稻生物和籽粒双高产，同时将稻草秸秆全量还田，达到以"无机换有机"增加贫瘠生地有机质的积累速度。

实施效果：针对新垦贫瘠水田土壤有机质含量低、土壤pH值偏酸、水稻生长困难的实际，通过多种土壤培肥技术措施综合运用，实施2～3年使贫瘠水田土壤肥力水平显著提升，土壤酸碱适中，水稻产量稳定达到当地中等肥力水平水田的水稻产量，具体效果包括：土壤有机质含量从平均<5 g/kg提升到平均25 g/kg以上；土壤pH值调控至6.0～7.5；土壤氮、磷、钾养分协调供应并基本满足水稻生长需求；示范区66.66 hm² 水稻单季产量达到6.75 t/hm²；贫瘠水田耕地质量提高1个等级以上（按GB/T 33469—2016）。

贫瘠水田生地地力提升（种植）前后的水田景观

二、万亩新增耕地培肥改良示范实践

（一）示范区概况

衢江区富里万亩水田垦造示范区位于江山港北岸，东起江山港，南接京台高速衢南连接线，西邻柯城区，北至廿里镇富里村，涉及廿里镇富里村、文塘村、石塘背村、里屋村、山下村和后溪镇江滨村，涉及农户2 033户，总面积1 233.33 hm²，主要包括土地整治、生态修复、新农村建设、农业设施配套、旅游设施五大类工程（图5.1）。

示范区严格按照土地整治项目建设标准，实施万亩土地整治项目。通过实施土地平整、田间道路、农田水利、地力提升等工程，垦造水田面积635.11 hm²。项目于2016年8月19日开工，2018年7月18日完成竣工验收，同时通过区级验收、市级抽测复核、报部入库，入库总面积611.2 hm²，完成高标准农田建设482.53 hm²、标准农田建设443.67 hm²。一个曾被当地农民称为"江南北大荒"的地方，通过短短的两年时间，实现了"万亩荒山变良田"的华丽嬗变。2018年6月完成省级报备入库，新增水田面积460.87 hm²，圆满完成了衢州市土地整治工作1.0版的起步（图5.2）。

图5.1　衢江富里万亩水田垦造示范区（建设前）

按照"连片策划、连片整治、连片流转、连片整合、连片造景"的连片开发方案，以大项目、大决心、大手笔、大统筹、大开发、大流转、大整治、大配套的工作思路，充分利用试验区内土地资源，打造国家级土地整治示范区、大型区域土地流转提升区、现代化粮食生产功能区、放心农业发展先行区、新农村建设样板区、农村综合改革试验区"六位一体"的综合项目，创建智慧农业小镇，建成4A级现代田园休闲养生度假景区，打造乡村振兴"衢江模式"（图5.3）。

图5.2 衢江富里万亩水田垦造示范区（建设中）

图5.3 衢江富里万亩水田垦造示范区（完成后及种植情况）

（二）耕地地力提升综合实践

（1）提升目标。

整个示范区548.4 hm²农田，通过连续3年建设，将地力从二等三级标准农田提升到一等二级农田；项目区旱涝保收，农业生产能力明显提高，综合地力指数达到0.8以上。

（2）总体提升措施。

①实行适度深耕，维持耕作层厚度，改善土壤容重。②施用石灰性物质，降低酸化土壤酸度；③水稻秸秆还田、种植绿肥及配施商品有机肥，提升和维持土壤有机质水平；④施用配方肥料，保持土壤养分平衡。

（3）具体提升方案。

基于拟提升耕地的质量现状和提升要求，本项目在耕地质量提升时，重点考虑肥力的提升，同时通过改建田块排水口和修建生态沟渠、新建泵站，提升水利条件和农田生态环境。耕地地力提升的方向为维护或提升土壤有机质水平和耕作层厚度，促进土壤养分平衡，消除酸化土壤。

①土壤有机质的提升。所有水稻秸秆和紫云英全部还田用于培肥，并采用深耕方式翻入表土层中，即在种植水稻前将紫云英翻入表土层中，水稻秸秆在紫云英播种前翻入耕作层中。对于少数采用水稻秸秆和紫云英还田后农田土壤有机质还未能达到预期目标的，适当补施少量的商品有机肥料，商品有机肥在水稻秸秆还田时同时施入。

②土壤酸度校正。项目区部分区块土壤偏酸性，拟采用石灰石粉（$CaCO_3$）来提高pH值。一是提升区为红壤地区的新造农田，由于利用时间较短，前期在改造过程中施用的石灰与土壤还没有充分作用，可能会产生返酸现象；另外，在提升的3年期限内由于化学肥料的施用及紫云英的还田也可能产生一定的酸性物质，为平衡这些酸性物质施用的石灰量称之为石灰基础用量；二是为中和土壤中的酸把pH值校治至6.5～7.5所采用的石灰用量，称之为酸度校治石灰用量；不同区块土壤因酸度和质地等的差异，用量有所不同，其用量根据浙江省地方标准（DB33/T 942—2014）耕地土壤综合培肥技术规范估算。本项目中石灰基础用量确定为1.5 t/hm²，每一提升区的石灰总用量及施用时间如表5.1所示。

表5.1　石灰需要量和施用方法

评价单元	pH值现状	目标pH值	石灰石粉				施用方法
			总用量（kg/hm²）	第一年（kg/hm²）	第二年（kg/hm²）	第三年（kg/hm²）	
QZTFQJ2018-06	6.1	6.5 ~ 7.5	2 250	0	2 250	0	结合紫云英还田
QZTFQJ2018-07	5.5	6.5 ~ 7.5	3 750	0	3 750	0	结合紫云英还田
QZTFQJ2018-08	6.6	6.5 ~ 7.5	1 500	0	1 500	0	结合紫云英还田
QZTFQJ2018-09	5.3	6.5 ~ 7.5	3 750	0	3 750	0	结合紫云英还田
QZTFQJ2018-10	5.5	6.5 ~ 7.5	4 500	0	4 500	0	结合紫云英还田
QZTFQJ2018-11	6.4	6.5 ~ 7.5	2 250	0	2 250	0	结合紫云英还田
QZTFQJ2018-13	6.3	6.5 ~ 7.5	2 250	0	2 250	0	结合紫云英还田
QZTFQJ2018-14	6.8	6.5 ~ 7.5	1 500	0	1 500	0	结合紫云英还田
QZTFQJ2018-15	5.8	6.5 ~ 7.5	3 000	0	3 000	0	结合紫云英还田
QZTFQJ2018-16	6.2	6.5 ~ 7.5	2 250	0	2 250	0	结合紫云英还田
QZTFQJ2018-17	6.2	6.5 ~ 7.5	2 250	0	2 250	0	结合紫云英还田
QZTFQJ2018-18	6.2	6.5 ~ 7.5	2 250	0	2 250	0	结合紫云英还田
QZTFQJ2018-19	6.4	6.5 ~ 7.5	2 250	0	2 250	0	结合紫云英还田
QZTFQJ2018-20	6.3	6.5 ~ 7.5	2 250	0	2 250	0	结合紫云英还田
QZTFQJ2018-21	5.5	6.5 ~ 7.5	4 500	0	4 500	0	结合紫云英还田
QZTFQJ2018-22	5.8	6.5 ~ 7.5	4 500	0	4 500	0	结合紫云英还田
QZTFQJ2018-23	6.3	6.5 ~ 7.5	2 250	0	2 250	0	结合紫云英还田
QZTFQJ2018-24	6.3	6.5 ~ 7.5	2 250	0	2 250	0	结合紫云英还田
QZTFQJ2018-26	6.2	6.5 ~ 7.5	3 000		3 000	0	结合紫云英还田
QZTFQJ2018-28	6.5	6.5 ~ 7.5	1 500	0	1 500	0	结合紫云英还田
QZTFQJ2018-29	5.8	6.5 ~ 7.5	3 000	0	3 000	0	结合紫云英还田
QZTFQJ2018-30	6.3	6.5 ~ 7.5	3 000	0	3 000	0	结合紫云英还田
QZTFQJ2018-34	6.6	6.5 ~ 7.5	1 500	0	1 500	0	结合紫云英还田

评价单元	pH值现状	目标pH值	石灰石粉				施用方法
			总用量（kg/hm²）	第一年（kg/hm²）	第二年（kg/hm²）	第三年（kg/hm²）	
QZTFQJ2018-35	6.2	6.5 ~ 7.5	2 250	0	2 250	0	结合紫云英还田
QZTFQJ2018-36	6.7	6.5 ~ 7.5	1 500	0	1 500	0	结合紫云英还田
QZTFQJ2018-37	6.4	6.5 ~ 7.5	2 250	0	2 250	0	结合紫云英还田
QZTFQJ2018-38	6.1	6.5 ~ 7.5	2 250	0	2 250	0	结合紫云英还田
QZTFQJ2018-39	6.3	6.5 ~ 7.5	2 250	0	2 250	0	结合紫云英还田
QZTFQJ2018-40	6.5	6.5 ~ 7.5	1 500	0	1 500	0	结合紫云英还田
QZTFQJ2018-41	6.5	6.5 ~ 7.5	1 500	0	1 500	0	结合紫云英还田
QZTFQJ2018-43	6.3	6.5 ~ 7.5	2 250	0	2 250	0	结合紫云英还田
QZTFQJ2018-44	6.6	6.5 ~ 7.5	1 500	0	1 500	0	结合紫云英还田

石灰石粉拟在两季作物更替时结合土壤翻耕同时进行，建议结合紫云英还田时施用。由于石灰物质的溶解度不大，在土壤中的移动速度不快，所以石灰石粉宜采用表面撒施后借助农具将其与土壤充分混合的方式施用，以发挥其最大的效果。因石灰石粉呈碱性，施用时需做好工作人员的防护措施。

③土壤容重改善。土壤容重主要在种植绿肥、施用石灰物质的基础上，结合水稻秸秆和紫云英还田，每年两次的翻耕逐渐优化。

④土壤有效磷与速效钾的提升和平衡施肥。本项目区不同区块农田土壤有效磷和速效钾差异较大。对于有效磷超过40 mg/kg的农田，磷肥施用采取限制管理；不到30 mg/kg的农田，根据其磷素状况，通过增施磷肥进行提升。因提升土壤的CEC偏低，土壤速效钾的管理采取以下策略：对于土壤速效钾超过100 mg/kg的农田，以维持现状为主，对于土壤速效钾不足100 mg/kg的农田，根据其钾素状况，通过增施钾肥加以提升。

肥料用量应同时考虑农作物的需肥特点与土壤磷、钾素提升的需要。即施肥量既要考虑作物需肥量，又能满足土壤培肥的要求。因土壤对磷有较强的固定作用，施入农田中的磷素只有部分以有效态形式存在，因此磷肥施用量需考虑土壤对磷的固定问题；同时，以上石灰石粉的施用也在一定程度上增加了土壤对磷的固定。钾素与磷素不同，其进入土壤后，大部分以速效和缓效态存在；但钾素易淋失，因此，在估算钾肥用量时，可分为两个部分。对于满足作物生长需要的这部分钾肥用量可按通常的测土配方施肥原则推荐确定；对于为提升土壤钾素而施用的钾肥用量，可根据需要提升的有效钾增量及单位面积土壤质量进行匡算。二者之和为总的钾肥施用量。根据国内外的研究，进入土壤中的钾并非全部转化为速效钾，只有5%～21%成为速效钾，本方案采用20%来估算。

另外，除满足作物生长需要外，因提升中采用水稻秸秆还田和紫云英还田，可能会引起土壤氮素的消耗，因此需要适当增施氮肥。根据提升区以往的研究，满足水稻生长的配方肥采用复合肥（15∶10∶15）900 kg/hm²。采用钙镁磷肥提升磷素；采用硫酸钾提升钾素；秸秆还田和紫云英翻耕时配施尿素。肥料施用量和施用方法如表5.2和表5.3所示。

表5.2　肥料施用量和施用方法（复合肥和氮肥）

评价单元	有效磷（mg/kg）		速效钾（mg/kg）		复合肥（15∶10∶15）		尿素	
	现状	目标值	现状	目标值	施用量[kg/(hm²·年)]	施用方法	施用量[kg/(hm²·年)]	施用方法
QZTFQJ2018-06	67.9	30～40	362	>150	900	每年植稻前基施	180	秸秆与紫云英翻耕各施6 kg
QZTFQJ2018-07	8.5	30～40	262	>150	900	每年植稻前基施	180	秸秆与紫云英翻耕各施6 kg
QZTFQJ2018-08	160.3	>40	366	>150	900	每年植稻前基施	180	秸秆与紫云英翻耕各施6 kg
QZTFQJ2018-09	31.7	30～40	289	>150	900	每年植稻前基施	180	秸秆与紫云英翻耕各施6 kg

（续表）

| 评价单元 | 有效磷
（mg/kg） | | 速效钾
（mg/kg） | | 复合肥
（15：10：15） | | 尿素 | |
	现状	目标值	现状	目标值	施用量 ［kg/（hm²· 年）］	施用方法	施用量 ［kg/（hm²· 年）］	施用方法
QZTFQJ2018-10	106.6	>40	367	>150	900	每年植稻前基施	180	秸秆与紫云英翻耕各施6 kg
QZTFQJ2018-11	15.7	30～40	216	>150	900	每年植稻前基施	180	秸秆与紫云英翻耕各施6 kg
QZTFQJ2018-13	127.5	>40	361	>150	900	每年植稻前基施	180	秸秆与紫云英翻耕各施6 kg
QZTFQJ2018-14	26.4	30～40	293	>150	900	每年植稻前基施	180	秸秆与紫云英翻耕各施6 kg
QZTFQJ2018-15	16.1	30～40	98	>100	900	每年植稻前基施	180	秸秆与紫云英翻耕各施6 kg
QZTFQJ2018-16	6.4	30～40	128	>100	900	每年植稻前基施	180	秸秆与紫云英翻耕各施6 kg
QZTFQJ2018-17	26.1	30～40	115	>100	900	每年植稻前基施	180	秸秆与紫云英翻耕各施6 kg
QZTFQJ2018-18	9.6	30～40	246	>150	900	每年植稻前基施	180	秸秆与紫云英翻耕各施6 kg
QZTFQJ2018-19	13.8	30～40	135	>100	900	每年植稻前基施	180	秸秆与紫云英翻耕各施6 kg
QZTFQJ2018-20	6.7	30～40	115	>100	900	每年植稻前基施	180	秸秆与紫云英翻耕各施6 kg

（续表）

评价单元	有效磷（mg/kg）		速效钾（mg/kg）		复合肥（15：10：15）		尿素	
	现状	目标值	现状	目标值	施用量[kg/(hm²·年)]	施用方法	施用量[kg/(hm²·年)]	施用方法
QZTFQJ2018-21	4.0	30～40	113	>100	900	每年植稻前基施	180	秸秆与紫云英翻耕各施6 kg
QZTFQJ2018-22	21.2	30～40	225	>150	900	每年植稻前基施	180	秸秆与紫云英翻耕各施6 kg
QZTFQJ2018-23	8.3	30～40	233	>150	900	每年植稻前基施	180	秸秆与紫云英翻耕各施6 kg
QZTFQJ2018-24	13.2	30～40	218	>150	900	每年植稻前基施	180	秸秆与紫云英翻耕各施6 kg
QZTFQJ2018-26	6.2	30～40	128	>100	900	每年植稻前基施	180	秸秆与紫云英翻耕各施6 kg
QZTFQJ2018-28	22.7	30～40	353	>150	900	每年植稻前基施	180	秸秆与紫云英翻耕各施6 kg
QZTFQJ2018-29	2.7	30～40	181	>150	900	每年植稻前基施	180	秸秆与紫云英翻耕各施6 kg
QZTFQJ2018-30	23.2	30～40	195	>150	900	每年植稻前基施	180	秸秆与紫云英翻耕各施6 kg
QZTFQJ2018-34	17.0	30～40	148	>100	900	每年植稻前基施	180	秸秆与紫云英翻耕各施6 kg
QZTFQJ2018-35	31.8	30～40	173	>150	900	每年植稻前基施	180	秸秆与紫云英翻耕各施6 kg

（续表）

评价单元	有效磷（mg/kg）		速效钾（mg/kg）		复合肥（15：10：15）		尿素	
	现状	目标值	现状	目标值	施用量[kg/(hm²·年)]	施用方法	施用量[kg/(hm²·年)]	施用方法
QZTFQJ2018-36	64.1	30~40	228	>150	900	每年植稻前基施	180	秸秆与紫云英翻耕各施6 kg
QZTFQJ2018-37	14.5	30~40	124	>100	900	每年植稻前基施	180	秸秆与紫云英翻耕各施6 kg
QZTFQJ2018-38	26.3	30~40	191	>150	900	每年植稻前基施	180	秸秆与紫云英翻耕各施6 kg
QZTFQJ2018-39	28.2	30~40	163	>150	900	每年植稻前基施	180	秸秆与紫云英翻耕各施6 kg
QZTFQJ2018-40	23.9	30~40	142	>100	900	每年植稻前基施	180	秸秆与紫云英翻耕各施6 kg
QZTFQJ2018-41	23.7	30~40	230	>150	900	每年植稻前基施	180	秸秆与紫云英翻耕各施6 kg
QZTFQJ2018-43	52.1	30~40	315	>150	900	每年植稻前基施	180	秸秆与紫云英翻耕各施6 kg
QZTFQJ2018-44	47.1	30~40	204	>150	900	每年植稻前基施	180	秸秆与紫云英翻耕各施6 kg

表5.3 肥料施用量和施用方法（磷肥）

评价单元	钙镁磷肥					硫酸钾				
	使用总量（kg/hm²）	施用方法	施用量（kg/hm²）			使用总量（kg/hm²）	施用方法	施用量（kg/hm²）		
			第一年	第二年	第三年			第一年	第二年	第三年
QZTFQJ2018-06	0	紫云英播种前	0	0	0	0	水稻基肥	0	0	0
QZTFQJ2018-07	3 000	紫云英播种前	0	1 500	1 500	0	水稻基肥	0	0	0
QZTFQJ2018-08	0	紫云英播种前	0	0	0	0	水稻基肥	0	0	0
QZTFQJ2018-09	750	紫云英播种前	0	750	0	0	水稻基肥	0	0	0
QZTFQJ2018-10	0	紫云英播种前	0	0	0	0	水稻基肥	0	0	0
QZTFQJ2018-11	2 250	紫云英播种前	0	1 500	750	0	水稻基肥	0	0	0
QZTFQJ2018-13	0	紫云英播种前	0	0	0	0	水稻基肥	0	0	0
QZTFQJ2018-14	750	紫云英播种前	0	750	0	0	水稻基肥	0	0	0
QZTFQJ2018-15	2 250	紫云英播种前	0	1 500	750	700	水稻基肥	0	375	375
QZTFQJ2018-16	3 000	紫云英播种前	0	1 500	1 500	0	水稻基肥	0	0	0
QZTFQJ2018-17	750	紫云英播种前	0	750	0	375	水稻基肥	0	375	0
QZTFQJ2018-18	3 000	紫云英播种前	0	1 500	1 500	0	水稻基肥	0	0	0
QZTFQJ2018-19	2 250	紫云英播种前	0	1 500	750	0	水稻基肥	0	0	0

评价单元	钙镁磷肥					硫酸钾				
	使用总量（kg/hm²）	施用方法	施用量（kg/hm²）			使用总量（kg/hm²）	施用方法	施用量（kg/hm²）		
			第一年	第二年	第三年			第一年	第二年	第三年
QZTFQJ2018-20	3 000	紫云英播种前	0	1 500	1 500	375	水稻基肥	0	375	0
QZTFQJ2018-21	3 000	紫云英播种前	0	1 500	1 500	375	水稻基肥	0	375	0
QZTFQJ2018-22	1 500	紫云英播种前	0	1 500	0	0	水稻基肥	0	0	0
QZTFQJ2018-23	3 000	紫云英播种前	0	1 500	1 500	0	水稻基肥	0	0	0
QZTFQJ2018-24	2 250	紫云英播种前	0	1 500	750	0	水稻基肥	0	0	0
QZTFQJ2018-26	3 000	紫云英播种前	0	1 500	1 500	0	水稻基肥	0	0	0
QZTFQJ2018-28	1 500	紫云英播种前	0	1 500	0	0	水稻基肥	0	0	0
QZTFQJ2018-29	3 750	紫云英播种前	0	2 250	1 500	0	水稻基肥	0	0	0
QZTFQJ2018-30	1 500	紫云英播种前	0	1 500	0	0	水稻基肥	0	0	0
QZTFQJ2018-34	2 250	紫云英播种前	0	1 500	750	0	水稻基肥	0	0	0
QZTFQJ2018-35	750	紫云英播种前	0	750	0	0	水稻基肥	0	0	0
QZTFQJ2018-36	0	紫云英播种前	0	0	0	0	水稻基肥	0	0	0
QZTFQJ2018-37	2 250	紫云英播种前	0	1 500	750	0	水稻基肥	0	0	0

（续表）

评价单元	钙镁磷肥					硫酸钾				
	使用总量（kg/hm²）	施用方法	施用量（kg/hm²）			使用总量（kg/hm²）	施用方法	施用量（kg/hm²）		
			第一年	第二年	第三年			第一年	第二年	第三年
QZTFQJ2018-38	750	紫云英播种前	0	750	0	0	水稻基肥	0	0	0
QZTFQJ2018-39	750	紫云英播种前	0	750	0	0	水稻基肥	0	0	0
QZTFQJ2018-40	1 500	紫云英播种前	0	1 500	0	0	水稻基肥	0	0	0
QZTFQJ2018-41	1 500	紫云英播种前	0	1 500	0	0	水稻基肥	0	0	0
QZTFQJ2018-43	0	紫云英播种前	0	0	0	0	水稻基肥	0	0	0
QZTFQJ2018-44	0	紫云英播种前	0	0	0	0	水稻基肥	0	0	0

⑤氮磷生态拦截沟渠建设。拟通过对现有一般排水沟改造的方式建设2条总长2 500 m的氮磷生态拦截沟渠。通过实施氮磷生态拦截沟渠建设，使提升区农田排水的化学需氧量、总氮、总磷明显减少，实现田园美丽、生态良好和农田生态循环。

⑥提升效果监测。拟在第二年年底进行提升区各区块土壤肥力指标检测，主要监测土壤pH值、有效磷、速效钾、有机质、容重、水溶性盐分及耕作层深度。采样时间为秋冬季作物收获后，采样与分析方法按照《浙江省标准农田地力调查与分等定级技术规范》进行。根据结果，及时调整优化提升措施。

（3）分年度实施方案。

第一年完成田块排水沟改建、种植绿肥（紫云英）、加大有机肥和磷肥使用；第二年继续实施绿肥-水稻轮作，增施磷钾肥和调整pH值相关措施；第三年继续实施绿肥-水稻轮作、增施磷钾肥、实施地力监测（表5.4）。

表5.4　分年度实施建设内容

年度	建设内容
第一年	完成田块排水沟改建；种植绿肥；水稻和紫云英还田；施用商品有机肥；施用配方肥；增施磷肥；深翻；对已建设好的渠道等基础设施进行维护，渠道定期清淤
第二年	完成氮磷生态沟渠建设和泵站建设；种植绿肥；水稻和紫云英还田；施用商品有机肥；施用配方肥；增施磷肥和钾肥；深翻；调整pH值；土壤检测；对已建设好渠道等基础设施进行维护，渠道定期清淤。提升效果检测
第三年	种植绿肥；水稻和紫云英还田；施用商品有机肥；施用配方肥；增施磷肥和钾肥；深翻；对已建设好的渠道等基础设施进行维护，渠道定期清淤。土壤检测，验收

（三）地力提升主要技术模式

（1）"绿肥+水稻秸秆还田+施用有机肥"模式。

①种植绿肥轮作水稻（图5.4）。包含紫云英轮作水稻模式、黑麦草轮作水稻模式和油菜轮作水稻模式。种植紫云英等轮作水稻，解决了农业生产中清洁有机肥源施用不足的问题。绿肥种植是用地和养地、改善耕地土壤理化性状、改良中低产田及新垦耕地、建设标准农田的有效途径，2018—2019年项目示范区每年种植紫云英600 hm²、油菜53 hm²、黑麦草20 hm²。

示范区紫云英种植

紫云英翻耕

示范区黑麦草种植

示范区黑麦草还田

示范区种植油菜

油菜盛花期翻耕

图5.4　种植绿肥轮作水稻

②水稻秸秆还田模式（图5.5）。项目区水稻秸秆还田是一项培肥地力的增产措施，同时也是重要的固碳措施。推广秸秆还田技术，不仅能增加土壤养分还能促进土壤微生物活动，改善土壤理化性状，推广农作物秸秆还田是增加土壤有机质含量，提高土壤地力的有效措施。

③增施有机肥模式（图5.6）。施有机肥是土壤肥力提高和作物持续高产的基础，它不仅使土壤有机质数量增加，质量改善，而且可有效提高土壤有益微生物的数量和土壤酶的活性，有效地提高土壤团聚体的稳定性，改良土壤结构，对提高土壤肥力和生产力具有不可替代的作用。项目区有机质提升区域每年应投入有机肥料15 t/hm^{2}以上。

秸秆直接还田

秸秆翻耕还田

秸秆粉碎还田

图5.5 水稻秸秆还田模式

有机肥生产

有机肥到田

图5.6 增施有机肥模式

（2）"紫云英（水稻秸秆）+石灰石粉+配方肥"模式。

①"紫云英+石灰石粉"校正土壤酸度。项目区田块酸度较高，采用石灰石粉（$CaCO_3$）来提高pH值。根据土壤酸度较强的特点，确定的石灰用量为4.5 t/hm^2，在项目实施第二年结合紫云英还田时施用。

②"紫云英+水稻秸秆+石灰石粉"改善土壤容重（图5.7）。在种植绿肥、施用石灰物质的基础上，结合水稻秸秆和紫云英还田，每年翻耕二次逐渐优化。

紫云英和石灰石粉   水稻秸秆和石灰石粉

图5.7 "紫云英+水稻秸秆+石灰石粉"改善土壤容重

③"紫云英+配方肥+钙镁磷肥"提高土壤有效磷。针对项目区缺磷特点，在水稻季基肥施用配方肥（15∶10∶15）750 kg/hm^2；在紫云英播种前施钙镁磷肥750 kg/hm^2，提高土壤有效磷含量。

第二节 土壤有机质提升模式实践

增加土壤有机质的目的是提高土壤保肥供肥性能和土壤保蓄性能，改善土壤通透性。土壤有机质含量是反映土壤肥力的重要指标之一，在培肥地力、改善作物品质及食品风味、提高农产品国际市场竞争力等方面具有重要作用。针对衢州全市耕地土壤特点，近几年实施了以绿肥种植技术和有机肥替代施用为主的两种技术模式来提升耕地土壤有机质含量。

一、绿肥种植技术模式应用推广

衢州市三面环山，走廊式的金衢盆地横穿中部，适宜农业区主要在红壤丘陵范围内。而红壤存在酸性、瘦瘠、黏重等不利因素，特别是近年来越来越多新垦造的耕地，更是存在土壤石砾多、有机质含量低、酸性重、黏性强等缺点，限制了丘陵地区农业可持续发展。同时，由于农户培肥意识不强，导致丘陵耕地及园地土壤质量退化，特别是近年来丘陵地带新开发的10万多亩耕地，由于缺乏有效的培育措施，地力提升不明显，农业生产效益不高。为此，研究生产成本低、培肥效果佳、丘陵地区操作方便且抗旱性强的绿肥种植技术，可为红壤丘陵地区地力培育提供依据。

（一）实施情况

2015—2019年五年间，衢州市6个县市（区）共实施沃土工程投入资金1 445万元，种植绿肥面积2.37×10^4 hm²次，其中建立百亩以上示范基地309个，总面积5 466.67 hm²；省级下达的标准农田质量提升项目培肥任务面积1.08×10^4 hm²，其中种植绿肥面积累计达2.42×10^4 hm²（1 431.5万元）；新垦造耕地项目1 302个，总面积7 266.67 hm²，累计绿肥种植面积超过1.67×10^4 hm²次，投入绿肥种植资金预计3 750万元。冬绿肥示范基地建设作为上述各项目的关键部分，根据浙西南地形地貌、水利条件、土壤环境等因素，开展以种植紫云英、黑麦草、蚕豌豆、箭筈豌豆及油菜绿肥等为主的试验研究工作，种植方式多种多样，包括连片种植、果园套种、作物间种等方式，积极探索适合丘陵地区耕地的高效培肥技术，并将好的技术进行示范推广应用。绿肥示范方发挥了很大的示范辐射作用，带动全市每年绿肥（含紫云英、黑麦草、油肥、蚕豌豆、其他等）面积1.33×10^4 hm²左右，其中果园套种面积占1/4以上。管理上严格按要求播种、开沟、施肥、田间管理等，促进绿肥高产增效。

（二）配套政策措施

为了提高主体种植绿肥的积极性，有效提高土壤肥力，各县市（区）出台很多优惠政策，如：龙游县根据冬绿肥示范基地建设要求，省补资金全部用于蚕豆种子补贴。按种植蚕豆每公顷补贴大约450元，县级示范方补贴种子款120元。江山市2015年出台了绿肥种植补助政策（江农发〔2015〕36号），除免费供应绿肥种子外，对集中连片种植达到3.33 hm²以上、管理规范（开沟、除草、施肥等）及产量通过验收平均22 500 kg/hm²以上的，每公顷补助5 250元，15～22.5 t/hm²补助3 750元/hm²，7.5～15 t/hm²补助2 250元/hm²。开化县2018年出台了新垦耕地地力培育补助政策（开农〔2018〕27号），要求新垦造耕地必须种植绿肥作物或粮油作物来加速土壤熟化，可采取轮作或套种等方式，通过验收的培肥种植可得到2.4×10⁴元/hm²的补助（第1年、第2年、第3年分别补助7 500元/hm²、7 500元/hm²、9 000元/hm²），有效改善了新垦耕地的土壤理化性状。其他各县市（区）均有各类推动绿肥种植的优惠措施出台，显著提高了农业主体种植冬绿肥的积极性，促进全市耕地的冬绿肥生产。

（三）实施成效

通过项目实施，衢州丘陵地区耕地及园地土壤理化性状得以极大改善，作物产量提升、品质改善，同时减少化肥施用量，降低了因化肥过度施用而造成的环境污染风险，主要取得以下成效。

一是地力指标水平显著提升。衢江区全旺镇马蹊村丘陵新垦土地三年（2016—2019年）种植黑麦草试验的土壤调查显示，土壤改良效果非常显著。改良后与改良前相比，土壤容重从1.42 g/cm³下降到1.13 g/cm⁻³，土壤孔隙度从改良前的46.6%上升到57.0%，比改良前增加10.4%，说明土壤物理性状从黏重紧实变为疏松透气状态，有利于作物根系发展。土壤养分方面，有机质含量从4.3 g/kg提高到20.6 g/kg，增加16.3 g/kg；土壤全氮含量从0.36 g/kg上升至1.82 g/kg，增加1.46 g/kg；速效氮含量从28.5 mg/kg提高至103.4 mg/kg，增加74.9 mg/kg；速效磷含量从12.6 mg/kg提高至29.7 mg/kg，增加17.1 mg/kg，上述结果表明各养分含量得到显著提高，土壤肥力水平上升。同时，土壤pH值也从改良前的4.63微升到4.81，酸性环境有一定改善。

二是经济效益明显提高。2015—2019年五年间，丘陵地带直接种植或园地套种蚕（豌）豆累计7 466.67 hm²，为农业增收23 520万元；经过绿肥培肥，提高作物产量，水稻每公顷均增645 kg，五年3.79×10⁴ hm²次实现增收6 603.8万元；柑橘每公顷增产568.5 kg，共增收7 937.8万元；5.99×10⁴ hm²茶叶增产88.5 kg/hm²，增收25 696.3万元；约0.43×10⁴ hm²葡萄增产157.5 kg/hm²，增收791.7万元；因提高土壤肥力，明显降低了化肥用量，通过调查，氮磷钾施用总量减少15～45 kg/hm²（纯量），以平均1.2 kg计（纯养分单价平均约为

6元/kg），上述各作物（共$57.81 \times 10^4 \, hm^2$）五年共减少化肥用量$1.041 \times 10^4 \, t$，为农户减少成本6 246.0万元。五年共计节本增效70 795.6万元。

三是社会生态效益较为显著。通过多年项目的实施，不断提高农业主体土壤培肥意识和培肥技术，促进土壤培肥工作由被动补助推进变为积极主动去参与。同时，各种绿肥的种植显著减少丘陵地带水土流失，保护并提升土壤肥力，减少化肥施用量，促进作物产量提高、品质改善，从而具有显著的社会生态效益。

典型技术模式1：葡萄园套种绿肥蚕豆提升土壤有机质含量

近年来，衢州市葡萄生产发展较快，葡萄在夏秋季生长茂盛，而秋冬季收获后，土地闲置时间长，葡萄园空间较大，给套种冬季作物创造了良好条件。葡萄园套种鲜食蚕豆，不仅利用了葡萄园冬春季空闲时间和空间，增收了一季蚕豆，而且蚕豆具有的固氮作用，可以提高土壤肥力，其茎叶还田后还可增加土壤有机质含量，促进葡萄更好生长，是一种高效的种植模式。利用当年10月至翌年5月长达7个月的葡萄休眠期，在葡萄园里套种蚕豆，可增加鲜豆荚、鲜豆秆两项产出，做到土地利用率提高、经济效益提升、土壤质地改良，一举三得。

鲜蚕豆荚于4月下旬开始收获，大棚葡萄园套种则可提前上市。采收1~2批鲜豆荚作为鲜食蔬菜销售后，拔除植株，打碎后堆置在葡萄根部或开沟翻入土壤中。蚕豆秸秆中空、多汁，易腐烂分解，是优质绿肥。豆秸就地还田对增加葡萄园土壤有机质、促进土壤质地改良十分有利，可为葡萄生长提供良好的土壤基础。

a.产量与经济效益。实际测产结果为：平均每公顷株数8.85万株，有效枝2.61万枝、单株有效枝4.4枝，实荚数181.1万荚，单株实荚数21.23荚，按80%的缩值系数计算，折合每公顷产鲜豆荚12.69 t，按平均收购价4.3元/kg计算，每公顷鲜豆荚产值54 567元。

b.培肥与生态效益。鲜豆秆开沟翻耕压入土壤中，是一种优质绿肥，既能充分利用蚕豆固定的氮素，又能将蚕豆生长过程中吸收的土壤中多余的养分以有机养分的形式返回土壤，减少了在葡萄休眠期内土壤养分的流失，降低了水体富营养化等各种潜在的环境污染风险。据分析研究，鲜豆秆平均含氮0.368%、五氧化二磷0.055%、氧化钾0.365%，按每公顷蚕豆约产出鲜豆秆12.75 t计算，相当于每公顷葡萄园可少施尿素102 kg、过磷酸钙6 kg、硫酸钾79.5 kg，化肥减量效应十分显著；同时，蚕豆秸秆还田还能使土壤有机质水平提升，土壤理化性状改善，使葡萄的商品性能得到改善，葡萄色泽更加光亮，皮薄肉嫩，粒大味美。

典型技术模式2：果园套种苕子有机培肥

果园套种绿肥，种植的品种为光叶苕子，播种时间为9月下旬至11月上旬，采取条播或撒播，主要是果园覆盖利用。即在第一年秋播后至第二年5月开花期，不割草作肥，让其继续生长发育直至茎叶干枯、死亡。到8月下旬落地种子萌发出土成苗，并越冬，进入第三年，如此重复3~4个生长周期，于最后一年夏季开花期，将当年的鲜草及往年的干草残体，全部翻入土中，重新播种，此法称为果园毛叶苕子自传种（自生自灭）少耕栽培法。

应用成效：衢州三易易农业生态有限公司2018年从浙江省农业科学院引进柑橘园和梨园套种光叶苕子技术，经过2年试种表明，光叶条苕适合在柑橘园和梨园套种，一般盛产期鲜草产量超过37.5 t/hm²，不仅可以为果园提供大量有机物料培肥土壤，明显提升土壤有机质含量，而且可以在春季对果园形成有效覆盖从而大大减少果园杂草数量，降低果园杂草防除成本，是一种集果园有机培肥与杂草防控于一体的果园生态化管理技术。

二、有机肥替代化肥模式应用推广

（一）果菜茶（柑橘）有机肥替代化肥模式

2018年，柯城区被农业农村部列为果菜茶有机肥替代化肥试点创建县。示范创建规模666.66 hm²以上，项目区化肥用量较上年减少15%以上，有机肥用量提高20%，畜禽排泄物利用率提高5%，柑橘果品100%符合食品安全国家标准或农产品质量安全行业标准，土壤有机质含量平均提高0.1%以上，土壤酸化得到改善。项目实施以来，累计示范创建面积1 602.2 hm²，推广应用商品有机肥17 362 t，利用畜禽粪便7 500 t，农作物秸秆6 500 t，商品有机肥比上一年增加5 000 t，化肥用量减少20%，规模养殖场畜禽排泄物资源化利用率100%，土壤有机质含量得到提升，土壤酸化得到改善，果品质量全面提高。

为有效推进有机肥应用技术，提升土壤有机质水平，总结出适用于本地有机肥应用7种技术模式。

（1）"有机肥+配方肥+绿肥"技术模式。该模式为比较基本的有机肥推广应用模式，橘园、稻田、菜地都可以实施，一般橘园用量每棵树20 kg以上，通过测深施肥或钻孔施肥施用；稻田每公顷用量7.5 t，以基肥施用；菜地每公顷用量为30 t左右。配方肥用量以有机肥替代化肥用量20%左右减量施用；冬闲时种植绿肥培肥土壤，橘园、可以种植箭筈豌豆、稻田种植紫云英。

（2）"有机肥+水肥一体化+机械深施"技术模式。结合"有机肥+水肥一体化"模式实施，在果园采果后，秋季施肥时，用过施肥机械将有机肥开沟深施于土壤中，化肥的使用通过水肥一体化设施实现肥水同灌。技术路径为商品有机肥—机械开沟—有机肥施入沟中—覆土—肥水同灌。

（3）"有机肥+水肥一体化+绿肥"技术模式。该模式主要在设施橘园应用，建园时每棵树使用有机肥40 kg，挖坑后和土搅拌均匀，再种植橘苗，对黏性土壤能够很好地改变土壤的通透性。之后通过水肥一体化实现肥水同灌，既能减少化肥的用量又可以减少人工的投入，橘园套种绿肥，能提升橘园土壤有机质含量，改善橘园生态环境。

（4）"有机肥+配方肥+水肥一体化+自然生草+生态防治"模式。该模式在柯城区仙铭家庭农场推广应用效果非常明显，农场由荒山经土地整治为梯田再种植柑橘，基地建设之初土壤有机质含量仅为3.08 g/kg，为提升土壤有机质含量在基地建设时每公顷投入有机肥75 t以上，橘苗种植后采用侧深施肥施用商品有机肥30 t/hm²。基地采用自然生产和生态防治相结合的模式，改善橘园生态环境，实现土壤质量提升和农药化肥的减量使用。基地现在土壤有机质含量为41.9 g/kg（果树周边），同时建成运肥轨道2条，2019年化肥使用量525 kg/hm²（实物量）。通过该模式的应用实现了荒山变果园。

（5）"有机肥+冬绿肥+甘蔗渣覆盖"技术模式。橘苗定植时每棵树施用有机肥40 kg，用旋耕机搅拌均匀后种植橘苗，秋季在行间套种绿肥，陇上覆盖甘蔗渣，可以减少杂草的生长，提升土壤有机质含量和土壤保墒。该模式可以解决农作物废弃物的利用问题，覆盖物还可以是农作物秸秆、茭白叶等。

（6）"有机肥+水肥一体化+甘蔗渣覆盖"技术模式。橘苗定植时每棵树施用商品有机肥40 kg，用旋耕机搅拌均匀后种植橘苗，种植后采用水肥一体化实现肥水同灌，秋季覆盖甘蔗渣，可以减少杂草的生长，提升土壤有机质含量和土壤保墒。

（7）"有机肥+配方肥+社会化服务统一施肥（钻孔施肥）"技术模式。柯城区柑橘有机肥替代化肥项目实行"种植大户+整村制推进"相结合模式。种植大户在实施柑橘有机肥替代化肥项目时主体自行施肥管理，整村制推进委托农业社会化服务组织统一施肥，施肥采用钻孔施肥的方式，该方式针对农户有机肥用量每棵树少于20 kg的情况，可以在较小范围内大幅度提升土壤有机质含量，刺激根系的生长，提高肥料的利用率，减少化肥的流失。

（二）茶叶固体粪肥还田技术模式

土壤的养分直接影响茶叶的产量与品质，施肥是提高茶叶产量与品质的重要措施。生产实践证明，常施化肥、不施或少施有机肥的茶园采制的茶叶香气低、滋味淡薄。近十几年来，茶企和茶农为追求产量，长期重施化肥，茶叶品质明显下降，土壤全氮、有机质和速效钾含量降低，土壤酸化严重。因此，在龙游县探索出了一套茶叶固体粪肥还田技术模式。

（1）立地条件。茶园地势较平坦、茶叶水平带种植较整齐，行距1.5 m以上；方便施肥管理；运输方便，有机肥能安全运到地头。一年采收4次左右，生物产量采收大的机采区域，产量高，肥水需求大的投产茶园。

（2）技术要点。

①前期处理。固体粪肥肥料化利用。利用畜禽粪便、秸秆、农副产品和食品加工的固体废弃物通过堆沤、发酵、除臭制备成商品有机肥料。

②施肥方式。每公顷茶园施用15～22.5 t商品有机肥作为底肥沟施（一般在10月底至12月），根据茶叶长势和树龄，配合复合肥一次或分三次施肥。在10月底，依据天气，在合适的时间施用茶叶专用肥（21：7：12硫酸钾型）450 kg/hm²（如施用其他配方肥或者单一肥混合可据此折算，推荐施用硫酸钾型肥料），在3—4月和6—7月分别再施用一次，每次15 kg左右，其中6—7月这次可依据天气适当提前，以防后期无降水无法施肥。在适宜的时节，在茶园撒播紫云英、油菜、白三叶等绿肥作物，等到第二年开花前翻耕，培肥土壤。春、夏、秋茶采后肥选雨后施用，减少肥料流失。

③其他配套农艺措施。茶园管理：冬季修剪后有0.2 m以上空隙，便于机械或人工操作。基肥深施：茶园面积小，有劳动力的，可采取先施基肥，后人工形式全面深翻，精细管理；实施面积大，劳动力成本高的，实行机械开沟、基肥深施后旋耕复土。病虫飞防：减少农药用量20%，利用无人机飞防，实现茶园肥药减量，提高茶叶品质。

④注意事项。有机肥需经过发酵处理。许多有机肥带有病菌、虫卵和杂草种子，有些有机肥料含有不利于作物生长的有机化合物，所以均应经过堆沤发酵、加工处理后才能施用，生粪不能下地。不同有机肥原料差异较大，对土壤、作物的作用也存在差异。因此，应根据种植土壤的质地、气候以及种植作物的生长习性、需肥特性，选择合适的有机肥料进行合理施肥。有机肥施用方

法要得当，应采用开沟条施或挖坑穴施，进行集中施肥，施后及时覆土；若采用撒施，施后应翻入土壤。一般将有机肥或化肥混合施用，效果更佳。例如，过磷酸钙与有机肥拌施，能大大提高肥效。腐熟的有机肥不宜与碱性肥料混用，若与碱性肥料混合，会造成氨的挥发，降低有机肥肥效。

（3）应用效果。茶园增施有机肥，能提高土壤碳含量，改善土壤腐殖质化程度并提高其活性，同时可以促进茶树生长，改善鲜叶品质。采用"有机肥+配方肥"的模式，利用当地养殖业所产生的大量畜禽粪便进行无害化处理生产有机肥，既能解决当地养殖业发展所造成的环境污染问题，又能解决茶园有机肥缺乏的问题，符合当前茶叶生产发展的要求。在保证土壤养分含量的同时，减少了化肥施用量，该技术模式在茶园的应用效果，为其在龙游县茶园的推广使用提供了科学依据。

〔三〕秸秆生产商品有机肥及其在水稻上的应用

衢江区通过收集地方种植大户的水稻秸秆，经机械粉碎后与不同比例的猪粪进行协同发酵，探索采用稻秸秆生产商品有机肥的可行性。试验用稻秸秆由衢州市春秋农业开发有限公司采用机械化操作方式收集自衢江区全旺镇水稻种植大户，累计收集水稻面积约13.33 hm²，收集稻秸秆约20 t，用于堆肥试验。畜禽粪主要由衢州市春秋农业开发有限公司收集自全旺镇规模化养猪场。试验用的水稻品种为甬优1540。稻秸秆堆肥试验地点位于浙江省衢州市衢江区全旺镇贺辂亭村衢州市春秋农业开发有限公司产区内。稻秸秆堆肥肥效试验位于全旺镇水稻种植大户水稻田中。

（1）试验方法。稻秸秆堆肥试验中将不同比例稻秸秆用量与畜禽粪协同发酵，试验设置3个处理，秸秆添加量分别为20%、40%、60%。将稻秸秆与畜禽粪按照重量比均匀混合后，做成宽1 m、高1 m的条垛式堆肥，每堆总重量为10 000 kg。做堆后，前7天每天测定堆体温度，后面定期测定堆体温度，直至堆肥温度下降。堆肥结束后采集堆肥样品，测定不同秸秆用量堆肥产品有机质、氮磷钾养分、重金属含量等指标。

稻秸秆有机肥肥效试验选择水稻为试验作物，试验地点为衢州市衢江区水稻种植大户水稻田，选择相对平整、前期种植模式基本一致的试验地块。试验以常规化肥作为对照，按照总养分相等，以20%、40%和60%比例的稻秸秆有机肥替代全部或者部分化肥作为3个处理，对照和各处理试验面积均为60 m²。

秸秆有机肥作为基肥一次性在水稻移栽前施入土壤中，化肥分2次施用，底肥施用60%，追肥施用40%。试验前采集水稻土耕层土样品1个，样品由5个以上该处理地块按照耕层土壤采样方法采集的土壤混合起来，风干后采用四分法进行土壤制备，测定土壤pH值、有机质、总氮、总磷、总钾含量。试验过程中定期记录水稻生长情况，记录主要农事操作情况。水稻收获时，对水稻产量进行测产，采集对照和不同处理水稻田耕层土壤样品4个，测定土壤pH值、有机质、总氮、总磷、总钾含量。

（2）应用效果。试验地块的土壤有机质含量较低仅为1.56%。而施用秸秆堆肥产品后土壤的有机质含量快速提高，且土壤有机质含量随着施用秸秆有机肥的有机质含量的增加而增加，施用20%秸秆有机肥土壤有机质含量达到了1.98%，而施用60%秸秆有机肥土壤有机质含量达到了3.15%。试验地块土壤pH值呈酸性，对照土壤pH值为5.22。施用有机肥的处理土壤pH值均高于对照，且随着有机肥中秸秆添加量的增加，土壤pH值也逐渐增加，其中施用60%秸秆有机肥的处理土壤pH值最高为5.66，这可能与其有机质含量较高，具有较大的缓冲性能有关。

施用稻秸秆有机肥的处理平均瘪谷数较低，不同施肥处理之间瘪谷数也存在较大差异，其中20%秸秆有机肥处理的平均瘪谷数最高为17粒，60%处理的瘪谷数最低为9粒。对不同处理的稻谷产量进行测产，施用稻秸秆有机肥的处理均显著高于对照，施用化肥的对照稻谷产量仅为9.16 t/hm²，而施用稻秸秆有机肥的处理平均产量大于12 t/hm²，其中40%稻秸秆有机肥处理的产量较高为13.71 t/hm²，20%处理的产量次之。

第三节　标准农田地力培肥改良

通过实施土壤检测，配方施肥，及推广使用缓释肥、有机肥，种植绿肥、使用消石灰等措施，达到提高土壤养分、改善土壤理化性状的目的，实现标准农田地力提升和培肥改良；同时，结合项目区内高标准农田建设项目、粮食功能区建设、农田水利项目等建设，完善标准农田基础设施，实现二等标准农田提升为一等标准农田。

一、改良土壤酸度

土壤pH值低，直接影响土壤养分的转化与供应，影响土壤团粒结构。提高土壤pH值是提升农田土壤质量不可缺少的一个重要环节。施用石灰等土壤调理剂，不仅可以降低土壤酸度，有效缓解铝和其他重金属毒害，还可以补充钙、镁等营养，改善土壤结构，提高土壤的生物活性和养分循环能力，从而改善根系生长环境，促进根系生长和吸收，提高作物产量和品质。每年每公顷施用石灰750 kg，3年后，耕地耕层土壤pH值一般能提高0.5～1.5。

二、提高土壤有机质水平

（一）种植绿肥及秸秆还田

标准农田地力培肥中，结合衢州市地力基础条件，广泛开展种植（轮作）油菜、鲜草（可达3 000 kg），鲜草（或秸秆）还田不仅能增加土壤有机质含量；油菜根系分泌的柠檬酸等有机酸能分解转化土壤中难溶性磷，从而提高土壤中磷素的有效性；促进土壤中氮素转化与吸收。油菜本身无固氮能力，但其根系分泌物对土壤中自生固氮菌有刺激作用。种植紫云英等绿肥，增加土壤有机质含量；紫云英根瘤中的根瘤菌具有固氮作用，能够将空气中的氮固定下来直接利用，紫云英还能改善土壤耕性，使土壤不易板结。

（二）增施有机肥物料

标准农田地力培肥实践中，有机肥施用量：每年施用商品有机肥15 t/hm^{2}或鲜猪厩肥22.5 t/hm^2。沼液使用量：每年施用沼液225 t/hm^2。沼液含有丰富的氮磷钾及钙镁锌等中微量元素，对作物的生长有很好的促进作用。沼液使用技术要点：空闲田可浇喷75 t/hm^2，半月1次，连续浇喷3次；水田可灌输450 t/hm^2，半月1次，连续灌输3次。如作追肥使用，则要取正常产气1个月以上的沼气池中部沼液，澄清、过滤，按1份沼液加1～2份清水混合后喷施，一般用量600 kg/hm^2，每隔7～10天一次，喷施以叶片背面为主，以利作物吸收。如有条件也可发展沼液滴灌。

三、提高土壤养分

标准农田地力培肥实践中，根据作物生长需要及土壤特性，在合理施用有机肥料的基础上，适时适量使用配方肥，达到增产增效、改土培肥的目的。每年施用配方肥1.5 t/hm²（氮：磷：钾=10：7：8），3年后，土壤有效磷、土壤速效钾含量均有较大提升。或根据水稻的吸收量及土壤中的磷含量，及土壤有效磷含量的提升，建议施用钙镁磷肥1.5 t/hm²；根据水稻的吸收量及土壤中的钾含量、秸秆还田及土壤有效钾含量的提升，拟施用氯化钾300 kg/hm²。

四、改善耕层厚度

采取增填客土（塘泥、表土）及逐年深耕措施，加速生土熟化，加厚土壤耕作层，增加土壤的孔隙度，增强透水性、通气性，促进有益微生物的活动和养分的释放；通过提高土壤pH值和秸秆还田等措施增加阳离子交换量。

采取清除大小砾石，增施塘泥、表土，深耕或采用旱改水田的方法，加速生土熟化，加厚土壤耕作层，增加土壤的孔隙度，增强透水性、通气性，促进有益微生物的活动和养分的释放，另外对部分淹渍地块，在完善排灌设施，降潜脱渍的基础上，实行犁冬晒垡，加速土壤结构的形成，消除土壤中有害物质，促进微生物的活性。通过一系列措施使土壤阳离子交换量得到提升，容重降低至0.9～1.1范围，地表砾石度（1 mm以上）降低至10%以下，原中低产田通过持续不断的培肥改良，最终达到中高产田。

五、主要成效

衢州市标准农田地力提升项目的实施，提高了标准农田粮食综合生产能力，提高了肥料资源利用效率，减少了农业面源污染，促进了农业节本增效；加快了农田质量提升新技术研发和实用技术推广，推进了农业可持续发展。通过2009—2017年标准农田质量提升项目实施，二等田提升为一等田面积达45.1×10⁴ hm²；近0.67×10⁴ hm²三等田提升了一个地力等级级别，基本消灭了低产田。显著提高了标准农田抗灾减灾能力。通过进一步改善基本农田田间基础设施，达到"挡得住、灌得上、排得出、降得下、能控制、排灌分开"的要求，推行节水灌溉措施，提高土壤保水保肥能力。

通过部分典型农田提升项目区调查，水稻平均产量与其他地块相比平均增产180 kg/hm²左右，用肥成本降低90元/hm²左右，节本增收540元/hm²左右。通过土壤检测表明标准农田提升区明显改善了土壤理化性状：种植绿肥的土壤容重平均为1.1 g/cm³，改善了0.1 g/cm³；全氮平均为2.1 g/kg，增加0.17 g/kg；提升区农田有机质平均为24.6 g/kg，平均增加0.7 g/kg；提升区无严重缺素现象，项目区年减少化肥用量50 t（实物量）以上；带动农户推广应用有机肥，减少畜禽粪便污染，生态效益显著。

此外，创建了标准农田地力提升服务机制。一是建立合作社与村委会联合服务的运行机制，实行社村联合，整村推进标准农田质量提升。建立"统一测土配方施肥""统一配方肥供应""统一地力培肥"三统一服务模式。二是建立因地制宜的地力培肥技术模式。针对不同类型的标准农田开展了不同地力提升技术模式试验示范，探索出商品有机肥加配方肥、商品有机肥加冬绿肥、配方肥加秸秆还田等多种地力提升技术模式。通过标准农田提升，农民科学种田与护田水平得到提高，先进技术应用率达99%，有效推进全区高效生态农业发展，促进农业节本增效。种植大户、专业合作社示范作用加强，进一步扩大了专业合作社的影响和作用，使之真正起到带头和示范作用。

第四节　耕地土壤酸化改良

衢州市衢江区、常山县列入2018年农业农村部耕地土壤酸化治理示范县项目建设，在土壤酸化较为明显的水稻、胡柚和蔬菜主要种植区域实施酸化改良共0.55×10^4 hm²。其中，常山县共建立胡柚、水稻耕地土壤酸化治理示范面积0.28×10^4 hm²（水稻0.25×10^4 hm²、胡柚0.03×10^4 hm²，含水稻千亩示范片133.33 hm²）；衢江共完成酸化治理面积0.27×10^4 hm²（水稻0.19×10^4 hm²、蔬菜0.07×10^4 hm²，含水稻蔬菜、千亩示范片136.67 hm²）。

一、主要做法

（一）统筹推进，机制保障

通过政府牵头、协同推进，引导农户主动参与到土壤酸化治理工作中，形成统筹统治格局。一是强化组织，引领导向。成立了耕地土壤酸化治理服务队，负责给县域内所有农业主体提供技术支撑和帮扶指导。同时，将土壤酸化治理项目列入"美丽大花园""美丽田园""五水共治"等重点工作协同推进。二是区块联动，规模推进。按照集中连片、整体推进要求，同步建立酸化治理取土化验点位185个。三是依托平台，畅通民意。水稻以粮食专业联合社为依托，利用联合社的集聚效应，扩大项目覆盖面和知晓度；胡柚基地酸化治理以常山县胡柚协会为桥梁，打通了与胡柚种植大户的沟通渠道，更好地收集农户反馈信息，及时掌握项目推进过程中出现的各种问题。

（二）突出重点，分类治理

围绕水稻和胡柚两大县域主导产业，科学制定针对性强、改良率高的治理措施，打造标杆型项目试点区。一是靶向施策。水稻田酸化治理采取施用生石灰或"土壤调理剂+测土配方"施肥模式，生石灰用量900 kg/hm²，土壤调理剂用量2 250 kg/hm²；胡柚基地酸化治理采取施用"生石灰+商品有机肥+测土配方"施肥模式，生石灰用量1 500 kg/hm²，商品有机肥用量6 000 kg/hm²。二是配套服务。探索建立了"物化治理+物业化服务"的"双物"治理模式，由单纯的购买物资向购买物资+服务转变，确保物资发放及施用工作第一时间到户到田，避免物资闲置、施用不合理等情况发生。三是重点攻坚。在酸化严重区域，实行土壤酸化治理与培肥改良综合同步技术，即在施用生石灰的基础上，适当添加土壤调理剂，进一步减轻土壤酸化障碍因素影响，提高农产品品质和安全。

（三）典型模式

（1）"种植大户+科研院校+农业公司"模式，项目区由种植水稻、蔬菜大户为实施主体，以浙江省农业科学院提供技术支撑，实施建立水稻千亩核心示范片一个，实际面积72.87 hm²；以浙江中环农业开发有限公司为承担单位，实施蔬菜千亩核心示范片一个，实际面积74.73 hm²。

（2）"酸化治理物资—消石灰+有机肥"施用技术模式，实现了土壤pH值有改善、有机质含量有提高，耕地理化性状得到改善，耕地地力有提升。通过酸化治理，能使示范区土壤酸度明显降低，农产品质量和产量都有所提高。

（3）施用白云石粉+有机肥模式，土壤有机质、全氮和速效钾含量有所提高；针对pH 5.0左右的酸性土壤，通过每公顷施用白云石粉150 kg+有机肥4 500 kg，可以实现土壤pH值平均提升0.2个单位，土壤有机质含量有所提升的改土目标。通过实施降酸改土措施，每穗实粒有提高表现，瘪谷数有降低趋势，结实率提高，水稻的产量构成有所提升。施用白云石粉+有机肥同时还起到了降低稻米Cd累积的效果，确保了水稻安全种植。

二、酸化改良成效

（1）土壤调酸效果明显、有机质有提升。经过项目实施，对酸化治理效果监测点前后土壤样品取样监测表明，土壤有机质含量、土壤pH值有了明显改善，有效磷含量等指标比以前也有所提高。项目实施后，提高了土壤有益微生物活性，减少了酸性土壤对磷的固定；且有效消除田间过多铝、锰等离子对作物生长的不良影响，降低了作物对镉等重金属的吸收，促使土壤胶体凝聚，并形成良好的团粒结构，改善了土壤理化性状；另外由于施用了石灰，起到了消毒杀菌，防病除虫的作用，减少了作物病虫害的发生，减少了施药量和施药成本，部分地块作物产量有了提高，品质也得到了改善，增加了经济效益、社会效益和生态效益。

监测点检测结果显示，有机质含量平均值从治理前的35.11 g/kg提高到治理后的35.93 g/kg，平均提升0.82 g/kg；胡柚精品园pH值提升0.6个单位，水稻项目区pH值提升0.51 ~ 0.61个单位。同时，酸化改良成本约1 422元/hm^2，水稻产量平均提高1 234.5 kg/hm^2，节本增效1 737元/hm^2；胡柚产量较上一年同比增长7.1%。直接经济效益有所提高。

（2）"双物"治理体系逐渐完善。在酸化土壤物化治理的基础上，通过政府购买服务，委托有技术支撑、有专业队伍的第三方，深入田间指导帮助农户将生石灰、土壤调理剂等物化措施落实到位，通过边看、边学、边掌握的方式，促进农户治土能力"快充式"提升。物化治理+物业化服务的"双物"治理体系有效落地和不断完善，对后续土壤污染防治等工作提供了重要借鉴。

（3）社会认可程度稳步提升。土壤酸化治理项目的实施，切实达到了农业投入品使用量和农业面源污染降低、耕地质量和农产品品质提升的"两降两升"效益，项目满意度民调率100%。同时，农业主体进一步认识到保护耕地对农业可持续发展的重要性，增强了主动提升耕地质量的意愿。

参考文献

陈晓佳，吕晓男，麻万诸，等，2008. 基于GIS的耕地地力等级评价研究——以浙江省海宁市为例[J]. 浙江农业学报，20（2）：100-103.

陈一定，单英杰，顾培，等，2007. 浙江省标准农田地力与评价[J]. 土壤，39（6）：987-991.

吕晓男，倪治华，2013. 浙江省土壤资源与耕地地力等级地图集[M].哈尔滨：哈尔滨地图出版社.

麻万诸，章明奎，吕晓男，2012. 浙江省耕地土壤氮磷钾现状分析[J]. 浙江大学学报（农业与生命科学版），38（1）：71-80.

麻万诸，章明奎，吕晓男，等，2010. 普通克里金模型对同尺度下不同土壤肥力指标的空间解析力比较[J]. 西北农林科技大学学报（自然科学版），38（10）：199-204.

衢州市统计局，2023. 衢州统计年鉴—2022[EB/OL]. http://tjj.qz.gov.cn/art/2022/11/30/art_1229705429_58919387.html.

任周桥，陈睿，程街亮，等，2011. 基于知识库的施肥决策系统及应用[J]. 农业工程学报，27（12）：126-131.

任周桥，单英杰，汪玉磊，等，2011. 浙江省标准农田地力调查与分等定级研究与应用[J]. 浙江农业学报，23（2）：404-408.

任周桥，吕晓男，陈超，等，2010. GIS辅助下的农村土地精细化管理与服务实践[J]. 地理信息世界（2）：17-21.

单英杰，任周桥，吕晓男，等，2011. 浙江省标准农田质量提升工程管理信息系统设计与实现[J].国土资源科技管理，28（6）：61-65.

童文彬，江建锋，杨海峻，等，2022. 南方典型酸化土壤改良与水稻安全种植同步应用技术研究[J]. 浙江农业科学，63（6）：1154-1156，116.

童文彬，刘银秀，张仲友，等，2020. 利用秸秆生产商品有机肥及其在水稻上的应用效果[J]. 浙江农业科学, 61（1）: 8-11, 14.

童文彬, 王建红, 张海燕, 等, 2019. 红壤生地种植不同品种绿肥的产量和养分累积差异[J]. 浙江农业科学, 60（8）: 1329-1331.

王飞, 周志峰, 2011. 宁波市耕地地力评价及培肥改良[M]. 杭州: 浙江大学出版社.

吴灿琼, 1994. 衢州土壤[M]. 杭州: 浙江科学技术出版社.

吴嘉平, 荆长伟, 支俊俊, 2012. 浙江省县市土壤图集[M]. 长沙: 湖南地图出版社.

徐保根, 赵建强, 薛继斌, 2014. 浙江省耕地质量评价工作的历史现状、问题与对策[J]. 浙江国土资源（10）: 37-40.

徐霄, 毛正荣, 童文彬, 2021. 耕地质量提升与土壤改良技术[M]. 北京: 中国农业科学技术出版社.

张耿苗, 麻万诸, 赵钰杰, 2023. 诸暨耕地质量[M]. 北京: 中国农业科学技术出版社.

张剑, 2022. 温州市耕地地力及其管理[M]. 北京: 中国农业科学技术出版社.

赵彦锋, 程道全, 陈杰, 等, 2015. 耕地地力评价指标体系构建中的问题与分析逻辑[J]. 土壤学报, 52（6）: 1197-1208.

浙江省土壤普查办公室, 1993. 浙江土壤[M]. 杭州: 浙江科技出版社.

浙江省土壤普查办公室, 1994. 浙江土种志[M]. 杭州: 浙江科技出版社.

浙江省质量技术监督局, 2013. 耕地质量评定与地力分等定级技术规范: DB 33/T 895—2013[S].